MÁTYÁS PÁNCZÉL

STURMGESCHÜTZ III ON THE BATTLEFIELD 4
★ WORLD WAR TWO PHOTOBOOK SERIES ★

volume  13

© PeKo Publishing Kft.

Kiadja / Published by
PeKo Publishing Kft.
8360 Keszthely, Bessenyei György utca 37.
Email: info@pekobooks.com
www.pekobooks.com

Felelős kiadó / Responsible publisher
Péter Kocsis

Írta / Author
Mátyás Pánczél

A magyar szöveget szakmailag lektorálta / Hungarian text's proofreading:
Norbert Számvéber

Printed in Hungary

Fotók / Photos
Péter Kocsis, Vyacheslav Kozitsyn, Jürgen Wilhelm, Paul Johnson, Matthew Manz, Archive of Modern Conflict, ECPAD, RGAKFD, NARA

Kiadás éve / First published
2017

ISBN 978-615-5583-02-5
ISSN 2063-9503

Minden jog fenntartva. A kiadó írásbeli hozzájárulása nélkül tilos a mű bármely részének sokszorosítása, reprodukálása, illetve bármiféle adattároló rendszerben való rögzítése és feldolgozása.

All rights reserved. No parts of this publication may be reproduced, or transmitted in any form or by any means, electronic or mechanical, including photocopying, recording or by any information storage and retrieval system, without permission from the Publisher in writing.

KÖSZÖNETNYILVÁNÍTÁS

Köszönöm családomnak, hogy elviseltek a könyvírás ideje alatt. Nem lehetett könnyű feladat. Böbe és fiúnk, KisMatyi mindvégig támogattak, amiért soha nem lehetek elég hálás. Szakmai vonalon e könyv sorai sosem érték volna el végleges formájukat Barnaky Péter és párja, Horváth Éva, dr. Számvéber Norbert és Kraft Péter segítsége nélkül; köszönetem nekik. Külön köszönet illeti Jon Feenstrat, aki az angol fordítást ellenőrizte. Végezetül hálával tartozom Kocsis Péternek, aki kimagasló türelemmel, de mindvégig felügyelte a kézirat elkészültét és kézben tartotta a kötetbe rendezését, majd kiadását.

Pánczél Mátyás

ACKNOWLEDGEMENTS

I would like to thank my family for tolerating me while writing this book! It couldn't be an easy task. Both Böbe, and our son, KisMatyi supported me all the way, I can't be thankful enough. From a professional point of view the lines of this book would never have reached their final shape without the help of Péter Barnaky, his partner Éva Horváth, Norbert Számvéber and Péter Kraft. And last but not least I thank Péter Kocsis, who kept his hands on the editing and publishing of this book with endless patience all the time. Special thanks to Jon Feenstra for the English text's corrections.

Mátyás Pánczél

BEVEZETŐ

A Sturmgeschütz III (továbbiakban StuG. III) rohamlöveget bemutató fotómonográfiánk újabb kötetében az olaszországi és nyugati front 1943-45 közötti, valamint a keleti front utolsó évének harctéri tapasztalatait ismertetjük röviden.

Az afrikai hadszíntér feladása után a német haderőnek be kellett rendezkednie Szicília és az Appennini-félsziget védelmére. Ez nemcsak az Afrikában harcoló, hanem a más frontokról odavezényelt csapatoknak is egy, az addigiaktól eltérő, teljesen másféle hadműveleti területet jelentett földrajzi és demográfiai szempontból egyaránt. Az erősen átszeldelt terep, a védekezésre kiválóan alkalmas hegyvonulatok és magaslati pontok nagymértékben segítették a védőket, ugyanakkor a korlátozott célú támadásaikat megnehezítették. A sűrűn lakott területek a harceljárások módosítását eredményezték. Jól szemlélteti az olasz front mellékhadszíntér jellegét, hogy Szicília védelmében (1943.07.10-ei adatok szerint) a Panzer-Division „Hermann Göring" 20 StuG. III rohamlövege és 9 StuH. 42 rohamtarackja, a 29. Panzer-Grenedier-Division 43 StuG. III-asa, mindösszesen 63 StuG. III és 9 StuH. 42 vett részt. A harcok során véglegesen 9 rohamlöveg és 4 rohamtarack veszett oda. 1943 augusztustól újabb csapatok érkeztek az akkor már az Appennini-félszigeten folyó küzdelembe: a Panzer-Division „Hermann Göring" 16 StuG. III/6 StuH. 42, a 16. Panzer-Division 40 StuG. III, a 24. Panzer-Division 42 StuG. III, a 3. Panzer-Grenedier-Division 42 StuG. III, a 29. Panzer-Grenedier-Division 38 StuG. III rohamlöveggel. Később további magasabbegységek, valamint három rohamlöveg csapattest (Sturmgeschütz-Abteilung 242, 907 és 914, amelyeket később dandárrá fejlesztettek) csatlakozott Olaszország védelméhez.

A rohamlövegek feladatai kis mértékben módosultak az olaszországi harcok idején. Az alkalmazó alakulatok jelentős része páncélos csapattest volt, amiknek el kellett sajátítani (a harckocsi harcászattól eltérő) rohamlöveg harcászati eljárásokat, valamint azok üzemeltetését.

A harcvezetés terén ezeknek az alakulatoknak meg kellett tanulnia a rohamlövegek korlátozott tüzelési lehetőségeiből adódó változásokat, például egy hegyi vagy erdei úton a rohamlövegnek el kellett fordulnia az oldalbiztosításhoz, de ezzel elzárhatta az utat a mögötte haladó harcjárművek előtt. Az erősen átszeldelt terep miatt, a nehezen belátható területeken, megfelelő gyalogsági kíséret hiányában a rohamlövegek nagyon sebezhetővé váltak. Ezek a harcmozzanatok nagymértékben módosították az eredetileg harckocsiharcászatra kiképzett parancsnokok harcvezetési lehetőségeit. A lakott területek sűrűsége – a nehezen járható tereppel kiegészülve – szintén korlátozhatta a rohamlövegek sikeres alkalmazását. A fentiek ellenére az átfegyverzett páncélosszázadok és -osztályok kiválóan beletanultak az új harceszközzel való harcba és sikeresen alkalmazták őket.

A 7,5 cm-es, hosszú csövű (L/48) löveg kiválóan megfelelt feladatának. Amerikai felmérések szerint az olaszországi harcok során az átlagos lőtávolság 320 méter (350 yard) volt; ezen a távolságon a rohamágyú minden harcfeladat végrehajtására alkalmas volt. A szövetséges csapatok minden harcjárművét – 1200 méterig – jó eséllyel megsemmisíthette. A rohamlövegek küzdőterének átrendezése után 54 lőszerről 71 darabra növelték a málházott lőszerek számát, amely már szinte minden harcfeladathoz elegendőnek bizonyult. A 10,5 cm-es tarackok, az űrméret növeléséből eredő romboló- és repeszhatás következtében hatékony támogatást nyújtottak a gránátosoknak, ugyanakkor a korlátozott páncéltörő képességük ellenére – a kis távolságok miatt – hatékonyabban tudták felvenni a harcot az ellenség páncélosaival szemben, mint például a keleti fronton.

A rohamlövegek védettsége megfelelőnek bizonyult, azonban az oldal- és a küzdőtér tetőpáncélzata gyenge volt. A tüzérségi tűzcsapások (sok esetben a nagy űrméretű haditengerészeti lövegekből) komoly veszteséget okozhattak a német erőknek. Érdekes, hogy egy szintén amerikai jelentés szerint a német veszteségeknek csak 1/10-ét okozták a légierő repülőerői, noha tény, hogy a csapatmozgásokat és összevonásokat nagy hatékonysággal zavarták.

A StuG. III mozgékonysága a terepadottságok miatt nehézkes volt, kimagaslóan sok volt a technikai meghibásodás, amit a fenti okok miatt tovább súlyosbított a műszaki mentés nehézsége. Érdekes jelenségként figyelték meg a kezelők, hogy a kötény-lemezek sok esetben leestek, illetve befordultak a futóműbe, amitől a járószerkezet ledobta a lánctalpat. Ez katasztrofális problémákat okozhatott, ezért láthatjuk sok helyen a megbontott (vagy leszerelt) kötényzetet.

A technikai kiszolgálás terén is a legnehezebb feladatot a terepadottságok jelentették, valamint az, hogy egyszerre több rohamlövegen jelentkeztek azonos hibák, amiket nem lehetett javítani az alkatrészek hiánya miatt.

Az Appennini-félsziget védelme során a rohamlövegek és a rohamtarackok nagy hatékonysággal vívták halogató harcukat.

A nyugati front viszonyainak tárgyalásakor alapvetően csak az olasz fronttól eltérő dolgokra hívjuk fel a figyelmet, mivel számos hasonlóságot mutat a rohamlövegek alkalmazása. Az egyes rohamlövegekkel felszerelt egységek megnevezésétől a terjedelmi korlátok, valamint a bevetett alakulatok száma miatt – akárcsak a keleti front esetében – most eltekintünk. A Normandiától Németországig tartó harcok során a földrajzi adottságok, valamint a bevetett erők mennyisége és minősége határozta meg a harccselekményeket. Nyugat-Európa erősen átszeldelt terep, folyókkal, sűrűn elhelyezkedő településekkel és megművelt (ember által birtokba vett) területekkel. Az időjárás minden évszakban változékony. A második front megnyitását követően az angolszász hatalmak számára fő hadszíntérré vált, ahol a szövetséges csapatok mindvégig törekedtek a légifölény és a koncentrált erőfölény kivívására. A StuG. III rohamlövegek itt is páncélos-, páncélvadász- vagy rohamlövegosztályok harcjárműveikként vettek részt a harcokban. 1944. december 1-jei adatok szerint nyugaton hat, délnyugaton három rohamtüzér alakulatot vetettek be.

A harcvezetés talán itt volt a legnehezebb a rohamlöveg csapattestek parancsnokai számára, elsősorban a változatos terep és időjárás, az ellenség felkészültsége és logisztikai támogatottsága, valamint a rendelkezésére álló erőforrások bősége miatt. A csapatmozgatások és összevonások megszervezése komoly kihívásnak bizonyult. A rohamlövegek a gyalogság közvetlen támogatásában és a lesállásokból vívott harcban lehettek a legeredményesebbek.

A harcérintkezések rohamlövegeket érintő általános lőtávolsága 730 méterig (800 yard) terjedt, ahol a 7,5 cm-es (L/48) rohamágyú minden lehetséges cél leküzdésére képes volt. Érdekes adalék a témához, hogy a szövetséges páncélosok 54%-át löveggel semmisítették meg, azonban a nyugat-európai hadszíntéren ez a szám magasabb. Az ágyúval megsemmisített harckocsik közel 62%-a kiégett. A találatok eloszlása kiválóan árulkodik a német parancsnokok és kezelőszemélyzetek kiképzettségről, ahogy azt az amerikai csapatok által felmért, közel 107 darab, M4 Sherman harckocsit érintő találat jellemzi: páncéltest szemből – 21%, oldalról (futómű felett) – 32%, hátulról 1%; futómű oldalról – 19%; torony szemből – 9%, oldalról – 18%.

A védettség – noha ez az összes hadszíntérre egyaránt jellemző volt, de itt is kiemeljük – elégtelennek bizonyult oldalról és hátulról. A nyugati fronton a csapatok kevésbé alkalmazták a keleti fronton megszokott tábori megoldásokat a védelem növelésére, amelyek a tömegnövekedés miatt veszélyeztették a StuG. III motorikus erőtartalékát.

A technikai kiszolgálás a logisztikai nehézségek és a szövetséges légierő miatt nehézkes volt. Megállapítható, hogy a nyugat-európai fronton a rohamlövegek derekasan helyt álltak, az alkalmazó parancsnokok az esetek jelentős részében ki tudták használni a harcjárművek előnyös tulajdonságait.

A keleti front utolsó évében teljesen megváltoztak a harcászati viszonyok az addigiakhoz képest. A szovjet csapatok kezükben tartották a teljes hadászati kezdeményezést, a német haderő aktív védelmi harcok mellett korlátozott célú támadásokat hajtott végre. A Vörös Hadsereg nyomasztó szárazföldi erőfölényben volt. A szovjet páncélos erők haditechnikai fejlettsége, ereje és lehetőségei részlegesen megváltoztatták a harcászatot. A StuG. III rohamlövegek technikai harcértéke messze elmaradt a modern szovjet páncélosokétól, azonban a háború végéig hatékonyan alkalmazhatták őket. A keleti fronton harcolt a rohamtüzér csapattestek jelentős része. 1945. január elején 2631 rohamlöveg harcolt a keleti fronton, amiből 1803 volt bevethető állapotban.

A keleti fronton a háború utolsó évében a rohamlövegek harceljárásait a kelet- és közép-európai régió Szovjetuniótól eltérő vonásaihoz (átszeldeltebb terep, sűrűbb település- és úthálózat) igazították. A tereptárgyakat a tapasztaltabb német parancsnokok eredményesen használták feladataik érdekében.

A 7,5 cm-es (L/48) rohamágyú a legtöbb szovjet célpont megsemmisítésére elegendőnek bizonyult (ám a korszerű nehézharckocsikkal és önjáró lövegekkel igen meggyűlt a bajuk), ugyanakkor a problémát az jelentette, hogy a szovjet páncélosok tűzereje olyan mértékben fejlődött, hogy nagyobb távolságról voltak képesek megsemmisíteni a StuG. III rohamlövegeket, mint azok eredményes (megsemmisítő) találatot elérni a 7,5 cm-es löveggel. Nagyrészt emiatt került sor a számos fotón feltűnő (lásd ezt a kötetünkben!), tábori jellegű, kiegészítő páncélzat alkalmazására. A StuG. III-asok „gyári védettsége" immáron szemből is mérsékelt volt. A StuH. 42-be szerelt 10,5 cm-es tarackok páncélrobbantó lövedékei csak 500 méter alatt voltak hatásosak, azonban a keleti fronton javarészt csak önvédelemből lőttek páncélosokra a találati valószínűség (10,5 cm-es gránát röppályája) miatt.

A rohamlövegek mozgékonysága jó volt, azonban a táborilag készített kiegészítő védelem nagymértékben rontotta a rohamlövegek fordulékonyságát és terepjáró képességét. A technikai kiszolgálás az alkatrészhiány miatt volt problémás (számtalan esetben a front gyorsan mozgó helyzete miatt), de sok példát hallani a technikusok elmés és ember feletti munkájának eredményességéről.

Összességében megállapítható, hogy a Sturmgeschütz III a német haderő egyik legeredményesebb harceszköze volt. Felkészült, harcedzett kezelőkkel, elégséges háttérbiztosítás mellett és gyalogsági biztosítással a háború végéig kiváló harcjármű maradt.

A képaláírásokban olvasható, a rohamlövegek gyártására vonatkozó adatok sorrendben a következők: gyártó cég, gyártás becsült időpontja (gyártási év, hónaptól hónapig tartó időszak).

Pánczél Mátyás

INTRODUCTION

In this volume of our photomonography-series of Sturmgeschütz III (hereinafter StuG. III) we are introducing the battlefield experiencies between 1943 and 1945 on the Italian Front, the Western Front and the last year on the Eastern Front.

After giving up North Africa, the German Army had to get prepared to defend Sicily and the Apennine Peninsula. It was a completely different theatre of war both from a geographic and demographic point of view not only for the troops coming from Africa but also for the troops from other theatres of war. The rugged, mountainous terrain with their heights helped the defenders a lot to fulfill their task, however it made it difficult to execute limited attacks. The numerous settlements in Sicily resulted in several changes in tactics. A good illustration of the Italian Front's secondary nature is that only 63 StuG. III and 9 StuH. 42 (Panzer-Division „Hermann Göring" - 20 StuG. III and 9 StuH. 42; 29. Panzer-Grenadier-Division - 43 StuG. III) defended Sicily according to the data from 10.07.1943. Altogether, nine assault guns and four assault howitzers were total write offs during the fighting. From August 1943 fresh troops arrived to join the struggle on the Apennine Peninsula: Panzer-Division „Hermann Göring" - 16 StuG. III and 6 StuH. 42; 16. Panzer-Division - 40 StuG. III; 24. Panzer-Division - 42 StuG. III; 3. Panzer-Grenadier-Division - 42 StuG. III; 29. Panzer-Grenadier-Division - 38 StuG. III. Later on more units joined the defending troops in Italy, including three assault gun units: Sturmgeschütz-Abteilung(later Brigades) 242, 907 and 914.

The tasks of the assault guns were slightly modified during the fighting. The majority of these troops were tank units which had to learn the tactical procedures of the assault gun (different from tank tactics) and their operations.

The units had to learn a new way of firing because of the limited traverse of the assault guns. They had to turn the complete vehicle to secure the flanks on a mountain or forest road, but with this they blocked the way for the following vehicles. Because of the highly rugged terrain and poor visibility the assault guns became very vulnerable without adequate infantry support. These circumstances greatly modified the commanders possibilities who originally learned and used tank tactics. The density of urban areas – in addition to the opportunities provided by landmarks – also restricted the successful use of the assault guns. Notwithstanding the above the former tankers learned how to successfully employ the new weapon quite well.

The long barrel 7.5cm (L/48) gun perfectly suited its task. According to a U.S. survey the average range of fire was 320 meters (350 yards) during the fighting in Italy; the assault gun was able to fullfil all of the tasks within this distance. It had a good chance of destroying all of the fighting vehicles of the Allied troops up to 1200 meters. Following the rearranging of the assault gun's fighting compartment, the crews increased the number of rounds from 54 to 71, which proved to be enough for almost every task. Due to the destructive and fragmentation effect (because of the increased caliber) of the 10.5cm howitzer it could provide effective support to the grenadiers. In spite of their limited anti-tank capacity they could fight more effectively against the enemy's armour then on the Eastern Front, due to the short distances.

The protection of the assault guns proved to be adequate, but the side armour and the roof of the fighting compartment was weak. The artillery attacks (in many cases the large caliber naval fire support) caused huge losses to the German forces. Interestingly, according to another U.S. report, only 1/10 of the German losses were caused by the planes of the air force – although it's a fact that these airstrikes efficiently disturbed the troop movements and concentrations.

The mobility of the StuG. III was cumbersome because of the terrain conditions, and there were a significant number of technical failures. The difficulties of recovery made the situation even more complicated. The crews realized that in several cases the side skirts fell off or bent into the running gear causing the vehicle to shed its tracks. This caused catastrophic problems which is why we can see deficient or completely missing side skirts in many cases.

The difficult terrain also meant harder work during maintenance activities. Additionally, the same problems appeared on numerous assault guns at the same time, which couldn't be repaired due to the lack of spare parts.

The assault guns and howitzers proved to be very efficient during the defence of the Apennine Peninsula.

When talking about the Western Front we point out the things that differ from the Italian Front as it gives a lot of similarities in the usage of the assault guns. We are disregarding the names of the larger units because of space limitations and the high number of the deployed troops – just like in the case of the Eastern Front.

During combat from Normandy to Germany the geographical conditions and the quantity and quality of the deployed forces determined the course of the fighting. Western Europe is highly rolling terrain with rivers, densely located settlements and cultivated lands. Its weather was constantly changing. After the opening of the second front it became the main theatre of war, where the Allied troops strongly tried to gain air and local superiority and dominance all the time. Just like in every theatre of war the StuG. IIIs took part in the fighting as vehicles of both tank and assault artillery units (for example on 01.12.1944: nine assault gun units – 6 in Heeresgruppe West and 3 in Heeresgruppe Südwest).

It was probably here that it was the most difficult to control the engagements for the commanders of the assault gun units because of the variable geographic and weather conditions, the expertise and logistical support of the enemy and the available resources. Organizing the movements and concentrations of troops proved to be a serious challenge. The assault guns prevailed most effectively in supporting the infantry and in ambush situations.

The assault guns' general range of fire was 730 meters (800 yards), well within the range that the 7.5cm (L/48) gun could overcome any target. It is interesting to note that 54% of the tanks of the Allied troops were destroyed by gunfire, but in the Western European theatre of war this number is higher. 62% of tanks which were knocked out by gunfire also burned out. The distribution of hits demonstrates well the qualifications of the German commanders and crews. According to a survey by U.S. troops based on nearly 107 hits found on M4 Sherman tanks: hull front – 21%; hull sides (above the running gear) – 32%; hull rear – 1%; running gear – 19%; turret front -9%; turret sides – 18%.

The armour protection on the rear and on the sides proved to be inadequate in every theatre of war. But we have to talk about it because while on the Eastern Front the crews used a lot of field solutions (sometimes almost threatening damage to the engine of the assault gun) to increase the protection it was less observable on the Western Front.

Giving technical support was difficult because of logistical problems and the Allied air forces. It can be concluded that the assault guns stood bravely on the Western European Front and the commanders were able to take advantage of the favorable charasterictics of the combat vehicles.

Compared to the previous years the tactical conditions changed significantly on the Eastern Front in 1945. The Soviet troops completely controlled the strategic initiative. The German Army was forced on the defensive and thus could carry out only limited attacks. The Red Army had an overwhelming dominance on the ground. The technical level of development, the power and the possibilities of Soviet tank forces partially changed the military tactics. The combat value of the StuG. III assault gun was far below the modern Soviet tanks, but they would be applied effectively until the end of the war. A significant part of the assault gun units fought on the Eastern Front. In January 1945 2631 assault guns belonged to the German troops on the Eastern Front of which 1803 were operational.

The control of engagements also changed on the Eastern Front in the last two years of the war because the geographical conditions in East and Central Europe were different from their experiencies in the Soviet Union. The terrain became more variable, with more cities and towns and with far better infrastructure. The experienced German commanders used the various landmarks more effectively.

The 7.5cm (L/48) gun proved to be strong enough to destroy most of the Soviet targets (except for the modern heavy tanks and self-propelled guns), but the problem was that the firepower of the Soviet tanks developed so much that they were able to destroy the assault guns from further distances than the StuG. IIIs, which had to go closer to make effective (fatal) hits with their 7.5cm guns. The field made add-on armour seen in the pictures were applied mainly because of this. By this time even the original front armour of the StuG. IIIs was inadequate. Additional information suggests that the 10.5cm anti-tank rounds of the howitzers were effective only under 500 meters but it was used for self-defence anyway because of the low hit probability (low trajectory of 10.5 round) and low chance of armour penetration.

The assault guns had good mobility, however the field applied additional armour greatly reduced their maneuverbility and off-road ability.

Maintenance was problematic due to the shortage of spare parts (in several cases because of the fast moving frontlines), but there are many examples of the effectiveness of the hard working technicians.

Overall the Sturmgeschütz III was one of the most effective fighting vehicle of the German Army. With its experienced and agile crews, and with sufficient technical and infantry support it remained a great fighting vehicle until the end of the war.

Data on the production of the assault guns in the captions is as follows (in order): company name, estimated time of manufacture (production period month – month, year of production).

Mátyás Pánczél

Érdekes felvétel a 60202 alvázszámú, jüterbogi Panzer-Selbstfahrlafette (DB, 1937) kiképző járműről. Ez a jármű a Pz.Kpfw. III Ausf. B 2./ZW alvázára épült, és leginkább – ahogyan a test frontpáncélzatán is olvasható – vezetőképzésre használták.

Interesting shot of a Panzer-Selbstfahrlafette (DB, 1937, chassis number 60202) used for training in Jüterbog. This vehicle was built on the chassis of a Pz.Kpfw. III Ausf. B 2./ZW, and was mostly used for driving practice, as can be read on the front armour – „Fahrschule".

Ezen a felvételen a Krupp gyártású, 7,5 cm űrméretű, L/41 kaliberhosszúságú löveggel szerelt, a Pz.Kpfw. III Ausf. F 5./ZW alvázára épített Versuchsfahrzeug (tesztjármű) látható Jüterbogban, feltehetően a lőtéri próbák ideje alatt, 1940-ben. Sokan a StuG. III Ausf. G prototípusának vélik ezt a járművet, de ez nem igazolt. Minden bizonnyal az új, erősebb löveg adta technikai lehetőségek vezettek a hasonló kialakításhoz.

This picture show the Versuchsfahrzeug (test vehicle) in Jüterbog, probably in 1940 during training on the firing range. The vehicle was built by Krupp on the chassis of a Pz.Kpfw. III Ausf. F 5./ZW and was armed with a 7.5cm L/41 gun. Many think that this vehicle was the prototype of the StuG. III Ausf. G but there is no proof of it until now. The technical possibilities of the new, stronger gun most likely led to the similar design.

Második gyártási sorozatba tartozó StuG. III Ausf. A (Alkett, 1940.06-09.). Ebből a harcjárműből mindössze 20 darab épült a meglévő Pz.Kpfw. III Ausf. F alvázak felhasználásával. Eltérések az első sorozatú Ausf. A-któl csak az alvázon figyelhetők meg: 20 mm-es kiegészítő páncélzat és a fékek hűtőnyílásai a test frontpáncélzatán, az erőátviteli rész szerelőnyílásainak kialakítása, valamint a test oldalpáncélzatára szerelt menekülőnyílás.

StuG. III Ausf. A (Alkett, June - September 1940) from the second production batch. Only twenty of this version were built on the chassis of the Pz.Kpfw. III Ausf. F. Differences from the first series of Ausf. A can be seen only on the chassis: 20mm additional armour and the covers over the cooling openings for the brakes on the front armour of the hull, the design of the transmission hatches and the escape hatch on the side of the hull.

StuG. III Ausf. B (Alkett, 1940.06.–1941.03.) a Jüterbog melletti gyakorlótéren. Jól látható a Tüzér Tanezred (Artillerie Lehr Regiment) jelvénye a vezető figyelőműszere mellett, a felépítmény frontpáncélján, illetve megfigyelhető a jobb oldali vonóhorognál felfestett alvázszám utolsó, „3-as" száma. Ezen a rohamlövegen az Ausf. A-kon használt meghajtógörgő látható.

StuG. III Ausf. B (Alkett, June 1940 – March 1941) on the training ground near Jüterbog. The insignia of Artillerie Lehr Regiment (Artillery Training Regiment) can be seen on the front armour plate of the superstructure just beside the driver's visor as well as the last digit (3) of the chassis number close to the tow hook on the right side. The drive sprocket on this assault gun was originally used on Ausf. As.

A Sturmgeschütz-Abteilung 185 egyik, feltehetően végleg odaveszett StuG. III Ausf. B (Alkett, 1940.06.–1941.03.) lövege Luga környékén, a Szovjetunióban. Nagy valószínűséggel immáron javítóanyagként történő felhasználása végett kezdték meg a szétszedését. A fotó alapján – mivel nem égett ki a jármű – számos alkatrésze felhasználható még.

StuG. III Ausf. B (Alkett, June 1940 – March 1941) of Sturmgeschütz-Abteilung 185 near Luga in the Soviet Union. The vehicle was probably a total write off and planned to be used for spare parts. According to the photo it wasn't burnt out and plenty of its parts can be used.

Szintén a Sturmgeschütz-Abteilung 185 egyik sérült StuG. III Ausf. B (Alkett, 1940.06.–1941.03.) rohamlövege Luga környékén. A felvételen jól látható az irányzóműszer nyílásától jobbra lévő, csak az Ausf. B-re jellemző, kétféle kivitelben készített páncélzat. Itt a teljesen egyenes változat látható. Érdemes megfigyelni az oldalsó, 9 mm-es páncéllemez pozicionálását a felépítmény kialakításához képest.

A damaged StuG. III Ausf. B (Alkett, June 1940 – March 1941) also from Sturmgeschütz-Abteilung 185 near Luga. Clearly seen is the armour plate on the right side of the opening of the gunner's sight. The armour plate was made in two versions which were typical only on Ausf. Bs. Note the positioning of the 9mm armour plate on the right side of the superstructure.

Feltehetően a Sturmgeschütz-Abteilung 192 3. ütegének harcjárművei a Barbarossa hadművelet idején. A felvétel segítségével szinte az összes harcjárművet láthatjuk, ami szerepelt az osztály technikai állománytáblájában: parancsnoki Sd.Kfz. 253, lőszerszállító Sd.Kfz. 252 Sd.Ah. 32/1 utánfutóval, valamint az osztályra jellemző, fadeszkákkal „megerősített" StuG. III Ausf. B-k (Alkett, 1940.06.–1941.03.).

These vehicles probably belonged to 3./Sturmgeschütz-Abteilung 192 during Operation „Barbarossa". Thanks to this picture we can see almost every type of vehicle in the unit's inventory: Sd.Kfz. 253 command vehicle, Sd.Kfz. 252 ammunition carrier with Sd.Ah. 32/1 trailer and StuG. III Ausf. Bs (Alkett, June 1940 – March 1941) reinforced with wooden planks (typical of the Abteilung).

A Sturmgeschütz-Abteilung 192 1. üteg, 3. tűzszakasz, 3. StuG. III Ausf. B (Alkett, 1940.06.–1941.03.) lövege a Barbarossa hadművelet idején. Figyeljük meg a védelem növelését szolgáló tábori megoldásokat, a páncéltest elején lévő lánctalprészt és a felerősített fadeszkákat! A hadjárat „hozományaként" a löveg kezelőszemélyzetének felszerelését a motortér fölé tették. Érdekes a felfestett követésjelző a sárvédőkön.

This StuG. III Ausf. B (Alkett, June 1940 – March 1941) was the third vehicle in the 3rd Platoon of 1./Sturmgeschütz-Abteilung 192. The picture was taken during Operation „Barbarossa". Note the field solutions to increase the protection of the vehicle: additional spare tracks on the hull's front armour and the attached wooden planks. Based on their previous experiences, the crew stored their stowage on the engine deck. Also visible are the white markers on the mudguards.

Egy tehergépjárművet vontat a Sturmgeschütz-Abteilung 192 2. üteg, 2. tűzszakasz, 3. StuG. III Ausf. B (Alkett, 1940.06.–1941.03.) rohamlövege a keleti-fronton, feltehetően 1941 telén. Ezen a fényképen is jól látszik az irányzóműszer nyílásától jobbra lévő, egyenes páncélzat. Sajnos eddig nem találtunk adatot arról, hogy mikor tértek át és mekkora gyártási számban erre a változatra.

A StuG. III Ausf. B (Alkett, June 1940 – March 1941) of 2./Sturmgeschütz-Abteilung 192 (2nd platoon's third vehicle) towing a lorry on the Eastern Front, probably during the winter of 1941. Here we can also see very well the flat armour plate on the right of the gunner's sight without the bullet splash strips. Unfortunately we don't have any information as to when and in what capacity they changed to this solution.

A Sturmgeschütz-Abteilung 197 egyik StuG. III Ausf. B-jét (Alkett, 1940.06.–1941.03.) töltik fel a 64 darab, 75x243R lőszer szállítására alkalmas Sd.Ah. 32/1 utánfutóból. A harcjármű lövegcsövén 7 darab jel tükrözi a kezelőszemélyzet eredményességét; ugyanakkor megfigyelhetők a harci sérülések is: a jobb oldali sárvédő részleges hiánya és roncsolódásai. A tartalék lánctalp és futógörgő a „mindennapok" tartozékai.

Reloading of a StuG. III Ausf. B (Alkett, June 1940 – March 1941) of Sturmgeschütz-Abteilung 197 from a Sd.Ah. 32/1 ammo trailer which could carry 64 rounds of 75x243R ammunition. The effectiveness of the crew is shown by seven kill rings on the gun barrel, but a couple of damaged areas can also be seen: the front mudguard is partly missing and something happened to the rear mudguard as well. The additional spare tracks and wheels were general issue in everyday life.

A megszokottól eltérő volt a harcászati azonosítószám a Sturmgeschütz-Abteilung 201 néhány rohamlövegén a Barbarossa hadművelet idején. Az osztály képen látható StuG. III Ausf. B-jén (Alkett, 1940.06.–1941.03.) a páncélszürke alapszínen, fehér keretben a „303" szám olvasható. Felmerül a lehetőség, hogy a kép a Kék hadművelet idején készült, azonban a kezelők ruházatából és a hadműveletek alakulásából ítélve ez jó eséllyel kizárható.

Some of the assault guns of Sturmgeschütz-Abteilung 201 used a different numbering system during Operation „Barbarossa". This StuG. III Ausf. B (Alkett, June 1940 – March 1941) has „303" in a white outline on the Panzergrau base colour. It raises the possibility that the picture has been taken during Operation „Blau" but according to the uniforms of the crew and the developments of the military operations it can probably be excluded.

A sérülésekből ítélve – szakadt lánctalp, sérült sárvédők, stb. – feltehetően aknára futott a Sturmgeschütz-Abteilung 226 2. üteg, 1. tűzszakasz, parancsnoki StuG. III Ausf. B (Alkett, 1940.06.–1941.03.) lövege a keleti fronton. A rohamlöveg test frontpáncélzatán, a csapattest jelzése mellett a 211 harcászati azonosítószám olvasható. Jól látható a teljesen balra irányzott löveg helyzete.

According to its damage (broken track, damaged fenders, etc.), this StuG. III Ausf. B (Alkett, June 1940 – March 1941) of 2./ Sturmgeschütz-Abteilung 226 probably ran over a mine on the Eastern Front. The vehicle belonged to the commander of the 1st platoon. The tactical number „211" can be seen on the hull's front armour plate beside the unit emblem. Clearly seen is the gun fully traversed to the left.

A Sturmgeschütz-Abteilung 226 2. üteg, 2. tűzszakasz, 1. (parancsnoki) StuG. III Ausf. B (Alkett, 1940.06.–1941.03.) lövege a keleti fronton. Sok dolgot elárul, hogy a ponyva alatt néhány futógörgő látható, emellett a vontatókábelt könnyen hozzáférhető helyre tették a kezelők.

StuG. III Ausf. B (Alkett, June 1940 – March 1941) of 2./Sturmgeschütz-Abteilung 226 (command vehicle of the 2nd platoon) on the Eastern Front. The spare wheels under the canvas are interesting just like the towing cable which has been placed to be easily accessible.

Éppen közlekedési balesetet figyelnek a Sturmgeschütz-Abteilung 243 egyik StuG. III Ausf. B (Alkett, 1940.06.–1941.03.) kezelői a keleti fronton. Az előtérben látható két rohamlövegen megfigyelhető a lámpák és a kürt tábori készítésű védőkerete, valamint az ABC besorolás szerinti harcászati azonosító a vezető oldalsó kinézőnyílása felett.

The crew of a StuG. III Ausf. B (Alkett, June 1941 – March 1941) of Sturmgeschutz-Abteilung 243 watching a motorbike's traffic accident on the Eastern Front. On both of the assault guns we can see the field applied protection frames for the Notek light and position lights, and the ABC system based tactical sign above the side visor of the driver.

A Sturmgeschütz-Abteilung 243 egyik szétszerelésre ítélt StuG. III Ausf. B (Alkett, 1940.06.–1941.03.) lövege. Nem tudni pontosan, hogy miért került az oldalsó kiegészítő páncélzatra az „ausschlachten!" (szétszedni!) felirat; feltehetően a rohamlöveg sérülései, a rendelkezésre álló szállítókapacitás és a javítóbázis lehetőségei miatt döntött így egy parancsnok. Szemmel láthatóan a löveg nem égett ki, így – a futómű részleges kivételével – szinte mindene felhasználható maradt.

A StuG. III Ausf. B (Alkett, June 1940 – March 1941) of Sturmgeschütz-Abteilung 243 sentenced to disassembly. We don't know the reason why the „ausschlachten!" („disassamble!") order was put on its additional side armour; most likely the commander made his decision due to the damage sustained by the assault gun, the repair facilities and transport capacities. Apparently this StuG did not burn out so almost every part of it – except parts of the running gear – could be reused.

A Sturmgeschütz-Abteilung 244 egyik, 133-as harcászati azonosítószámú StuG. III Ausf. B (Alkett, 1940.06.–1941.03.) lövege hajt át egy folyón, segítséget nyújtva egy gépkocsinak. A folyam mérete és a csapattest harcai alapján lehetséges, hogy a Gyeszna folyónál készült ez a felvétel. Mindenesetre érdekes momentum a kezelőszemélyzet által „rendszeresített" fakeretes fűrész, a fényszórók és a kürt védőkerete, valamint a követésjelző a sárvédőkön.

StuG. III Ausf. B, tactical number „133" (Alkett, June 1940 – March 1941) of Sturmgeschütz-Abteilung 244 drives across a river to assist a car. According to the size of the river, and the known combat operations of the unit, this picture may have been taken at the River Diesna. The „standardized" saw with timber frame, the protective frame for the Notek light and position lights and the white width indicators on the fenders are notables features.

A sokak által ismert felvételen egy StuG. III Ausf. B-t (Alkett, 1940.06.–1941.03.) töltenek fel az Sd.Ah. 32/1 utánfutóból. A képen tökéletesen megfigyelhető a töltőkezelő búvónyílásának kialakítása, a 30 fokos szögben döntött, 9 mm-es oldalpáncélzat rögzítő csavarjai, a lőszerszállító utánfutó belső kialakítása, valamint számos apróbb részlet.

Crewmembers reloading their StuG. III Ausf. B (Alkett, June 1940 – March 1941) from a Sd.Ah. 32/1 trailer in this well-known picture. The layout of the loader's hatch, the bolts of the 9mm additional side armour which was angled at 30°, the inner layout of the ammo trailer and a lot more small details are perfectly seen in this photo.

A képen látható StuG. III Ausf. B (Alkett, 1940.06.–1941.03.) jól szemlélteti, miért tettek a kezelők tartalék görgőket, lánctagokat és lánctalpcsapokat a rohamlövegekre. A védelem növelése mellett az aknasérült (és más módon rongálódott) futóművet javították vele. A felvétel kiváló betekintést enged a javítás pillanataiba, valamint a meghajtógörgő szerkezetébe.

This picture of a StuG. III Ausf. B (Alkett, June 1940 – March 1941) clearly illustrates why the crews put additional wheels, track links and track pins on the assault guns. Besides increasing protection, all of these items were needed for repairs in the case of mine damage or any other damage to the running gear. We have an excellent view of the repair process and the details of the drive sprocket.

Kiváló állapotban lévő StuG. III Ausf. B-k (Alkett, 1940.06.–1941.03.) oszlopa, talán a keleti fronton. Érdekes a fényszórók és kürtök védőkerete, valamint a lövegcsövön lévő, szinte érintetlen porvédő huzat és tartószíja. A kép érdekessége továbbá a rohamlövegek melletti, átépített belga Brossel TAL (Tracteur Artillerie Lourde) tüzérségi vontató, amelyen számos tábori rögtönzés látható.

A column of StuG. III Ausf. Bs (Alkett, June 1940 - March 1941) in excellent condition, probably on the Eastern Front. Interesting to note are the frames around the position lights and the almost untouched protection canvas and its holder on the gun barrel. The modified Belgian made Brossel TAL (Tracteur Artillerie Lourde) artillery towing vehicle next to the assault guns could also be interesting with its numerous field modifications.

Érdekes felvétel egy javítás alatt álló StuG. III Ausf. B-ről (Alkett, 1940.06.–1941.03.), valahol a keleti fronton, feltehetően 1942 késő nyarán. A futómű sérüléséről árulkodik a hiányzó, jobb oldali, 4. futógörgő, ahol megfigyelhetjük a Z-tengely alaphelyzetét, valamint a láncfeszítő görgőt, amely a későbbi altípusokon (Ausf. C-től) került rendszeresítésre.

Interesting shot of a StuG. III Ausf. B (Alkett, June 1940 – March 1941) under repair, somewhere on the Eastern Front, probably late summer 1942. The missing 4th road wheel on the right side means that the running gear has been damaged. We can see the Z-axle is in line. Also seen is the drive sprocket which became standard on the Ausf. C.

Feltehetően a Sturmgeschütz-Abteilung 245 egyik StuG. III Ausf. C (Alkett, 1941. 03-05.) rohamlövege, valahol a keleti fronton. Az altípus beazonosítására segítségünkre van az erőátviteli rész feletti nyílások kiválóan látható zárószerkezetei, amelyek – a meglévő markerek mellett – csak erre az altípusra jellemzőek.

StuG. III Ausf. C (Alkett, March – May 1941) probably of Sturmgeschütz-Abteilung 245, somewhere on the Eastern Front. The opening hole of the locking system of the hatches above the transmission (specific only to Ausf. Cs) help us to identify the sub-version besides the typical characteristics.

A Sturmgeschütz-Abteilung 189 StuG. III Ausf. C (Alkett, 1941. 03-05.) rohamlövege a Szovjetunióban, 1942 áprilisában. Jól látható a harcjármű teljes felületét borító, a harcászati azonosító és egyéb jelzéseket szabadon hagyó, fehér téli álcafestés. A feltehetően tüzérségi tűz okozta sérülések szintén remekül megfigyelhetőek.

StuG. III Ausf. C (Alkett, March – May 1941) of the Sturmgeschütz-Abteilung 189 in the Soviet Union, April 1942. Clearly seen is the white winter camouflage paint which covers the whole vehicle except the tactical numbers and markings. We also have a good view of the damage, probably caused by artillery fire.

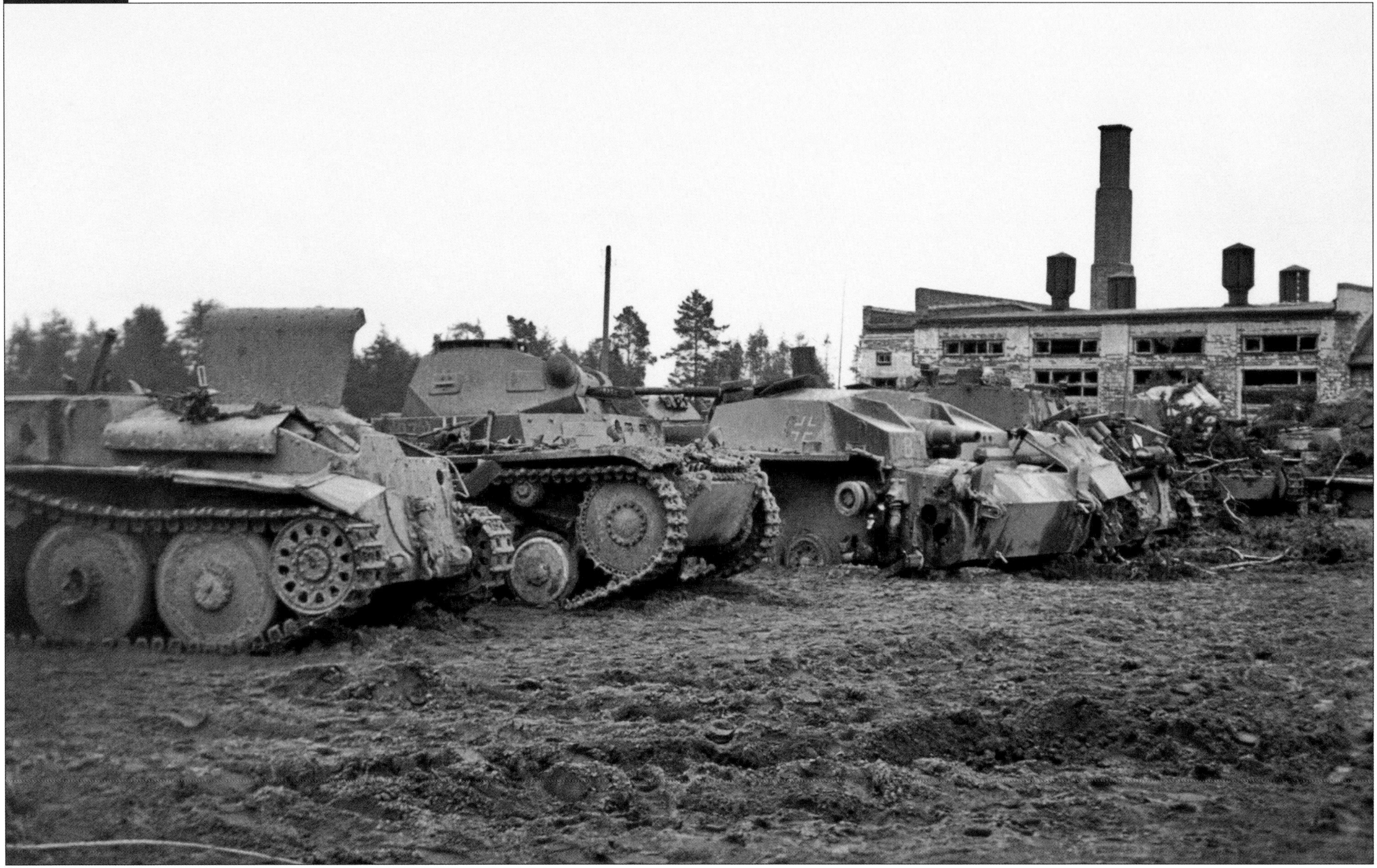

Péter Kocsis Collection

Több sérült harcjármű között (Pz. 38(t), Pz.Kpfw. II) látható egy StuG. III Ausf. D (Alkett, 1941. 05-10.) Luga környékén, a Szovjetunióban. Noha az Ausf. D már a Barbarossa hadművelet ideje alatt épült, komoly változtatásokat nem eszközöltek a rohamlövegen. Egyedül a páncélzatot edzették keményebbre, de ez nem igazán volt hatással a páncélvédelemre.

A StuG. III Ausf. D (Alkett, May – October 1941) along with other damaged vehicles (Pz. 38(t), Pz.Kpfw. II) in the vicinity of Luga, Soviet Union. There were no major changes to the Ausf. D although it was produced during Operation „Barbarossa". Only the armour has been hardened but it didn't have any real effect on the overall protection.

A Sturmgeschütz-Abteilung 189 egyik StuG. III Ausf. D (Alkett, 1941. 05-10.), feltehetően elhagyott rohamlövege a keleti fronton. Érdekes a plusz futógörgők felhelyezésének módja, valamint a felépítmény frontpáncéljára tett lánctagtartók kialakítása. Figyeljük meg a küzdőtér tetőpáncélzatán lévő rudat, amely valószínűleg a töltőkezelő által működtetett géppuska táborilag készített tartórúdja lehet!

A likely abandoned StuG. III Ausf. D (Alkett, May – October 1941) of Sturmgeschütz-Abteilung 189 on the Eastern Front. The way of mounting the additional spare wheels is interesting, as is the shaping of the brackets for the track links on the front of the superstructure. Note the rod on the roof of the fighting compartment which could be a field applied mount for a machine gun used by the loader.

Péter Kocsis Collection

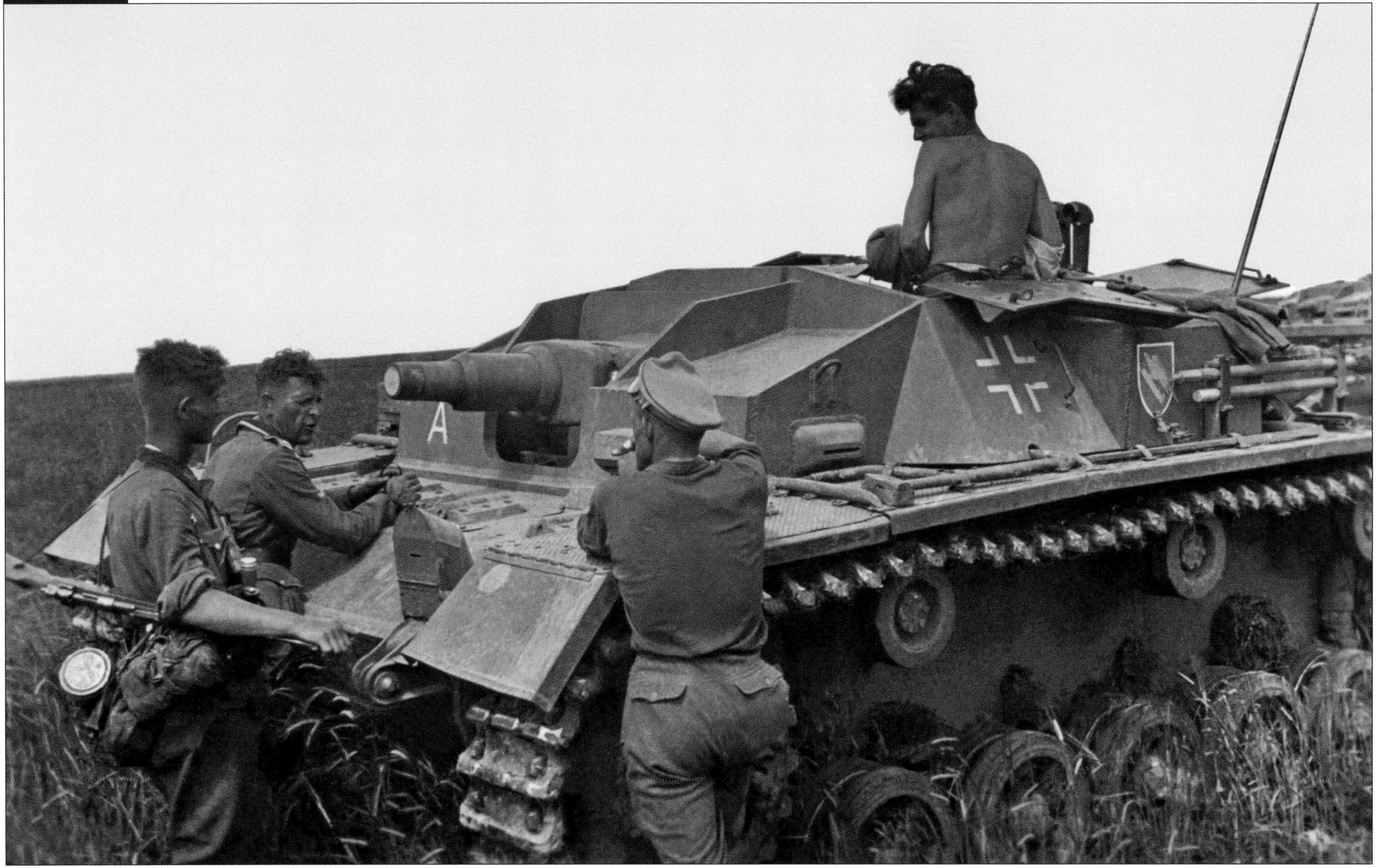

Egy StuG. III Ausf. D (Alkett, 1941. 05-10.) a Sturmgeschütz-Abteilung 245 állományából a keleti fronton. A közeli kép kapcsán megfigyelhető az irányzó búvónyílásának belső kialakítása (zárózsanérok, rögzítőcsapok és -csavarok) és a rohamlöveg külső álcafestésével megegyező páncélszürke színe.

A StuG. III Ausf. D (Alkett, May – October 1941) of Sturmgeschütz-Abteilung 245 on the Eastern Front. The close picture shows the inner layout of the gunner's hatch (hinges, locking pins and bolts) and its colour which is the same Panzergrau (Panzer grey) as the vehicle's base colour.

A „Großdeuschland" rohamlövegosztály „16-os" harcászati azonosító számú StuG. III Ausf. F (L/43, Alkett, 1942.04-05.) lövege a keleti fronton, 1942 nyarán. A védelem növelése érdekében betonnal öntötték ki a felépítmény elülső részét. Különös, mert az osztályról eddig publikált felvételek között elvétve látni ilyen képet. Érdekesek továbbá a plusz futógörgő körül tárolt szerszámok.

StuG. III Ausf. F (L/43, Alkett, April – May 1942) of Sturmgeschütz-Abteilung „Großdeutschland" with tactical number „16" on the Eastern Front, summer 1942. The front part of the superstructure has been strengthened with concrete. It is interesting to see this feature because it is rarely seen in pictures of this unit. Note the tools around the spare wheel.

A Sturmgeschütz-Abteilung 191 egyik StuG. III Ausf. F (L/43, Alkett, 1942.04-05.) rohamlövege, talán Kurszk körzetében, 1942 nyarán. Feltételezhető, hogy az osztály Mahiljovban, az április-májusi feltöltés során kapott az új rohamlövegekből. Az afrikai hadszíntérre szánt sárga alapfestésre minden bizonnyal tábori körülmények között került a zöld mintázat.

StuG. III Ausf. F (L/43, Alkett, April-May 1942) of Sturmgeschütz-Abteilung 191, maybe in the vicinity of Kursk, summer 1942. Supposedly the unit received new vehicles in Mahilyov during replenishment in April – May. The green pattern painted on the yellow base colour (which was intended for use in the North-African theatre of war) was most likely a field made solution.

A Sturmgeschütz-Abteilung 190 StuG. III Ausf. F (L/48, Alkett, 1942.06-09.) rohamlövege Sztarij Oszkol környékén, 1943 februárjában. A kép a szovjet Vörös Hadsereg Uránusz hadműveletének idején készült, ahol bevetették az osztályt is annak megállítására. Nagyon jól vizsgálható a téli álcafestés, valamint a hadműveletre, időjárásra és harcászati lehetőségekre jellemző „málharendszer", amit ez a rohamlöveg szállít.

StuG. III Ausf. F (L/48, Alkett, June – September 1942) of Sturmgeschütz-Abteilung 190 near Stariy Oskol, February 1943. The picture was taken during Operation „Uranus" of the Soviet Red Army, when the unit was used to stop them. Perfectly seen is the winter camouflage and the packed stowage system suitable for the operation, the weather and the strategic possibilities.

StuG. III Ausf. F-ek (L/48, Alkett, 1942.06-09.) valahol a keleti fronton. Mindhárom roham- lövegen megfigyelhető néhány érdekesség: mintha az elsőről hiányozna a felépítmény tetőpáncélzatán lévő irányzótávcső nyílása, a második és a harmadik pedig némi impresszionista hatást mutató terepfestést kapott tábori körülmények között.

StuG. III Ausf. Fs (L/48, Alkett, June – September 1942) somewhere on the Eastern Front. All three assault guns have some interesting features: the first is probably missing the opening for the gunsight on the roof of the superstructure, while the second and the third received an impressionistic field made camouflage.

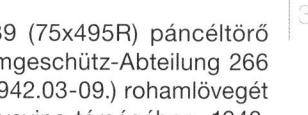

7,5 cm-es, Pzgr. Patr. 39 (75x495R) páncéltörő gránáttal töltik fel a Sturmgeschütz-Abteilung 266 StuG. III Ausf. F (Alkett, 1942.03-09.) rohamlövegét a Lagoda-tó melletti Szinyavino térségében, 1943. január 29-én. A csapattest sikerét jelzi, hogy január végéig 88 harckocsit lőtt ki az osztály a leningrádi fronton töltött időszaka alatt.

This StuG. III Ausf. F (Alkett, March – September 1942) of Sturmgeschütz-Abteilung 266 is seen reloading with 7.5cm Pzgr.Patr. 39 (75x495R) in the area of Sinyavino near Lake Lagoda, 29 January 1943. The unit knocked out 88 tanks by the end of January while they fought on the Leningrad Front.

Táborilag átépített StuG. III Ausf. F (L/48, Alkett, 1942.06-08.), talán 1943 kora őszén. Kiválóan megfigyelhető a 30 mm-es kiegészítő páncélzat kialakítása a rohamlöveg elülső részén, valamint az utólag felerősített korai kötényezés első tartókonzolja, amely a vezető oldalsó kinézőnyílása felett/mellett található.

A field modified StuG. III Ausf. F (L/48, Alkett, June – August 1942), possibly during the early autumn of 1943. Perfectly visible is the 30mm additional armour on the front of the assault gun and the first bracket of the side skirts which is above/beside the side vision port of the driver.

A fenti kép kiválóan szemlélteti, hogy 1943-ban (és azt követően is) használatban voltak a korai, rövid csövű rohamlövegek. A harcjármű oszlop élén az előző oldalon megismert StuG. III Ausf. F (L/48, Alkett, 1942.06-08.) után egy Ausf. D, majd Ausf. E (betonnal feltöltve a felépítmény döntött frontpáncélzata) látható.

This picture clearly illustrates that the early, short barrelled assault guns were still in use in 1943 (and later on as well). Following the StuG. III Ausf. F (L/48, Alkett, June – August 1942) from the previous picture is an Ausf. D, then an Ausf. E (its angled front armour filled with concrete).

Elképesztő felvétel a Sturmgeschütz-Brigade 177 harcjármű oszlopáról, Vilnius környékén (ma Litvánia), 1944 április-májusban. Az élen egy StuG. III Ausf. F (L/48, Alkett, 1942.08-09.) halad. Szinte mindent alárendeltek a védelemnek: betont öntöttek a harcjármű teljes elülső részére (még az oldalsó „páncéldobozok" elé is, ballisztikailag kedvező szögben öntve), Zimmerit került rá, egyfajta szendvics-páncélzattal a test elején. Az erőátviteli tér feletti szobrocska már csak hab a tortán.

Incredible shot of a column from Sturmgeschütz-Abteilung 177 near Vilnius in April – May 1944. In the front there is a StuG. III Ausf. F (L/48, Alkett, August – September 1942). Nearly everything was designed to protect the vehicle: the entire front glacis plate was covered with concrete (even in front of the side „sponsons", with a ballistically shaped angle), they put Zimmerit on it, and there seems to be some type of sandwich armour or spaced plate on the lower front hull plate. The statuette above the transmission is just icing on the cake.

A Sturmgeschütz-Abteilung 667 egyik, egykamrás csőszájfékkel szerelt StuG. III Ausf. F (L/48, Alkett, 1942.06-08.) lövege a keleti fronton, feltehetően 1942/43 telén. Az osztályt 1942 júniusában hozták létre, rövid csövű rohamlövegekkel feltöltve. 1942 során folyamatosan töltötték fel hosszú csövű rohamlövegekkel, de még 1944 elején is harcolt a soraiban rövid csövű altípus.

A StuG. III Ausf. F (L/48, Alkett, June – August 1942) of Sturmgeschütz-Abteilung 667 with a single baffle muzzle brake on the Eastern Front, probably during the winter of 1942-1943. The unit was raised in June 1942 with short barrelled assault guns. It was continously filled up with long barrelled assault guns during 1942, but they still had short barrelled versions into the beginning of 1944.

StuG. III Ausf. F (L/48, Alkett, 1942.06-08.) valahol a Szovjetunióban, 1942 késő őszén. 1942 június második felétől 50 mm-es pótpáncélzattal erősítették meg a rohamlövegek frontpáncélzatát. Ez hatásosnak bizonyult, mivel az 50 mm-es frontpáncélzatot szinte minden tényleges harctávolságról átütötte a szovjet 76,2 mm-es F-34 löveg, a 80 mm-est csak 500 méter alatt, de a 7,5 cm-es L/43 vagy L/48 löveg már 800-900 méterről képes volt a kor szovjet páncélosait megsemmisíteni.

StuG. III Ausf. F (L/48, Alkett, June – August 1942) somewhere in the Soviet Union, late autumn 1942. The front armour of the assault guns was strengthened with 50mm of additional armour from the second half of June 1942. It became effective as the original 50mm front armour was penetrated by the Soviet 76.2mm F-34 gun from almost every range but the 80mm thick armour was only penetrated under 500 meters. At the same time the 7.5cm L/43 or L/48 gun could easily destroy the Soviet tanks from 800-900 meters.

A „Tiger" nevű StuG. III Ausf. F/8 (Alkett, 1942.09-10.) a keleti fronton, 1942/43 telén. Ez a legkorábban gyártott F/8 altípus. Megfigyelhető a Pz.Kpfw. III Ausf. J, 8./ZW alváz, illetve a kisebb mértékben módosított felépítmény (a döntött páncélzatot módosították), valamint az Ausf. F kései változatára jellemző, 30 mm-es hegesztett kiegészítő páncélzat. Hátul egy veterán, Winterketten-nel szerelt Ausf. B látható.

StuG. III Ausf. F/8 (Alkett, September – October 1942) called „Tiger" on the Eastern Front, winter 1942-43. This is the earliest made F/8 subtype. Note the chassis of the Pz.Kpfw. III Ausf. J 8./ZW, the slightly modified superstructure (the angled armour was changed) and the welded 30mm additional armour typical for the late version of the Ausf. F. In the background is an Ausf. B with Winterketten.

Péter Kocsis Collection

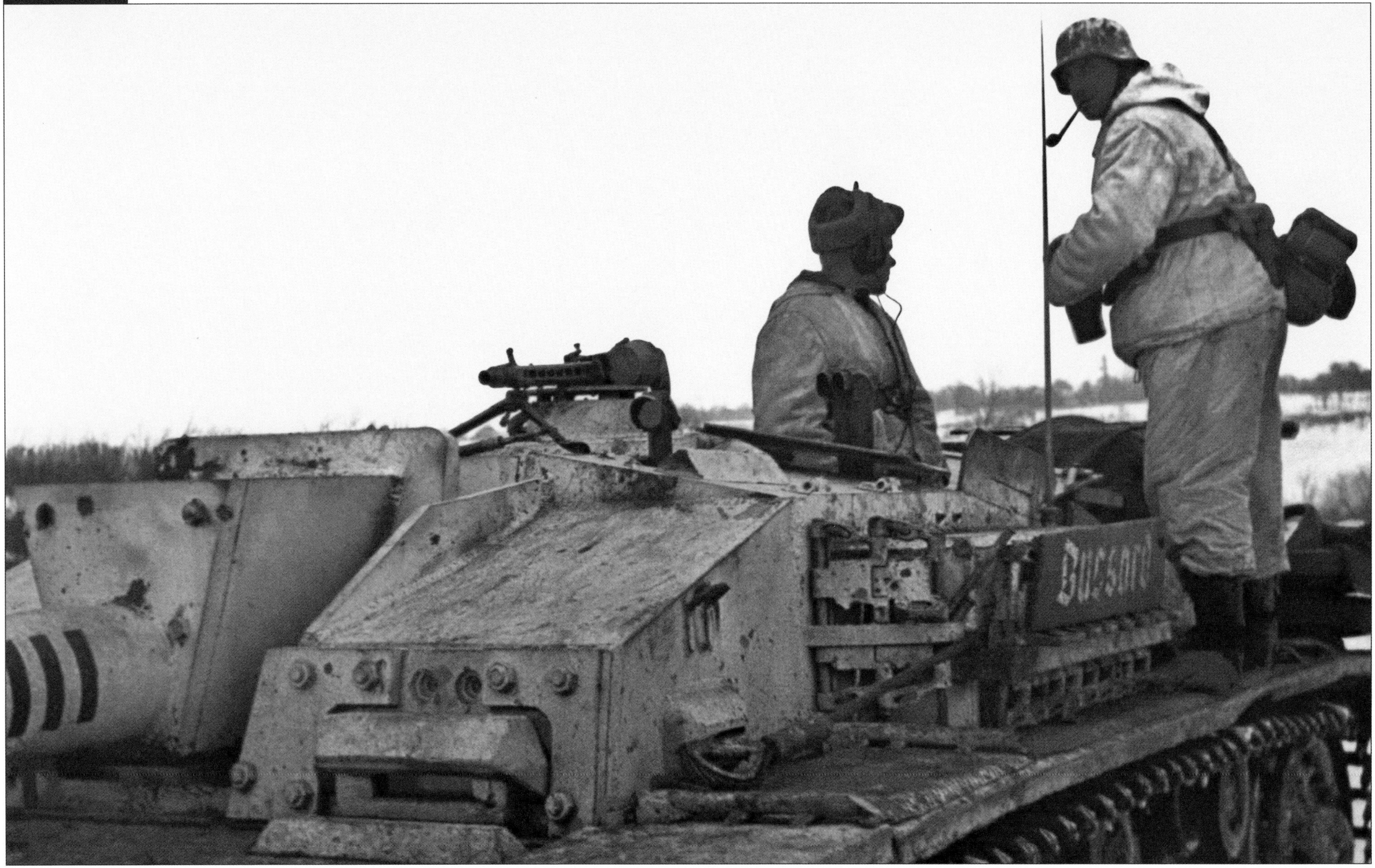

A következő két felvételen a Sturmgeschütz-Abteilung 202 2. ütegének „Bussard" (Héja) nevű StuG. III Ausf. F/8 (Alkett, 1942.12.) rohamlövege látható, 1944 januárjában. A lövegpajzson és farpáncélon látható három függőleges hasáb valószínűleg a rohamlöveg szakaszát és azon belül a harcjármű helyét (3. kocsi) jelöli.

In the next two pictures we will see the StuG. III Ausf. F/8 (Alkett, December 1942) called „Bussard" of 2./Sturmgeschütz-Abteilung 202 in January 1944. The three vertical bars on the gun mantlet and the rear armour probably shows the position of the vehicle within the platoon.

Ugyanaz a rohamlöveg hátulnézetből. Tekintve, hogy 1944 elején a Sturmgeschütz-Abteilung 202 a 82. Infanterie-Division (gyaloghadosztály) harcait támogatta, feltételezhető, hogy a fehér álcaruhában álló, pipázó katona a gyaloghadosztályhoz tartozik. A két felvétel kiváló betekintést enged a téli viszontagságok között harcoló rohamlövegek mindennapjaiba.

The same assault gun from the back. Considering that Sturmgeschütz-Abteilung 202 supported the 82. Infantry-Division in the beginning of 1944 we can assume that the pipe-smoking soldier standing in the white camouflage suit is a soldier of that Division. The two pictures gives an excellent insight into the everyday life of the assault gun units that fought in winter conditions.

Péter Kocsis Collection

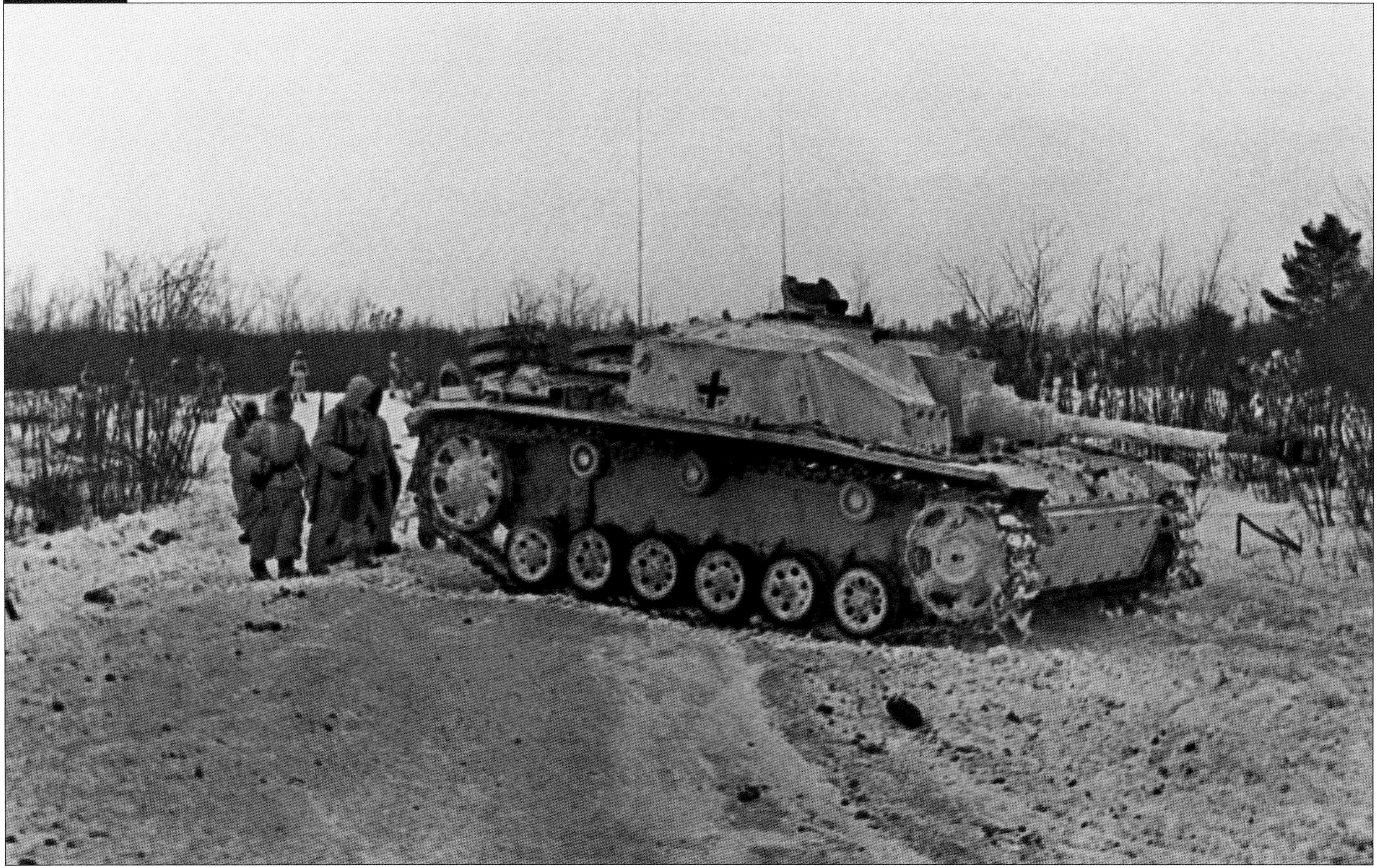

A következő két felvételen a Sturmgeschütz-Abteilung 266 StuG. III Ausf. G (Alkett, 1942.12.) rohamlövegeit láthatjuk, a Ladoga-tó melletti Szinyavino térségében, 1943. január 29-én. Jól megfigyelhető a korai G-kre jellemző felépítmény: a homlokpáncélzat szélső lemezeit a későbbi altípusokhoz képest – még nagyobb szögben építették, hiányzik a töltőkezelő/rádiós géppuskájának védőpajzsa, új kialakítású a 360 fokban körbeforgatható parancsnoki kupola.

In the next two pictures we can see StuG. III Ausf. G assault guns (Alkett, December 1942) of Sturmgeschütz-Abteilung 226 in the area of Sinyavino near Lake Ladoga, 29 January 1943. The typical superstructure of the early Ausf. Gs can be clearly seen: the outer plates of the front armour were built at a different angle compared to the later versions, no shield for the loader/radio operator's machine gun and the redesigned rotatable cupola of the commander.

A felvételen jól megfigyelhető, hogy a kezelőknek nem volt idejük tábori kiegészítéseket tenni a rohamlövegeikre, egyedül fehér álcafestést kaptak. Mindezek mellett feltűnik, hogy tartalék lánctalpdarabokat és lánctalpcsapokat tettek fel a tartalék futógörgőkre.

Apparently the crews didn't have time to make any field modifications to their assault guns, and they just received white camouflage paint. Additionally, they put spare track links and pins onto the spare wheels.

StuG. III Ausf. G (Alkett, 1942.12-1943.02.) rohamlövegek a keleti fronton, 1943. március 2.-án. Ha a felépítmény oldalsó páncéllemezeit vizsgáljuk, könnyen megérthető, hogy az 1943. márciustól gyártott rohamlövegeken miért cserélték kisebb dőlésszögűre. Nőtt a páncélvédelem, mivel a becsapódó gránátok könnyebben kaptak így gurulatot, valamint a hasznos belső tér – a több lőszerrel, stb. – előnyösebbnek bizonyult minimális súlynövekedés mellett.

StuG. III Ausf. G assault guns (Alkett, December 1942 – February 1943) on the Eastern Front, 2 March 1943. If we take a closer look we will understand why they changed the angle of the outer plates of the superstructure's front armour from March 1943. The armour protection was increased with this solution as the incoming rounds ricocheted more easily and the space inside the fighting compartment became larger (there was more space for additional ammo, etc…) while the weight increased minimally.

Nagyon érdekes felvétel egy tolólappal és Winterketten-nel szerelt StuG. III Ausf. G (Alkett, 1942.12-1943.02.) rohamlövegről 1943. február környékén, a Harkov és Kijev közötti úton. A vezető melletti kinézőnyílást – ebben a formában – hamarosan elhagyták. A kezelők hamar megszerették az új altípust. Noha a háború végéig számos apró változtatást végeztek a harcjárművön, a tervezés sikerét mutatja, hogy alapvető kialakítását mindvégig megőrizte.

Very interesting shot of a StuG. III Ausf. G (Alkett, December 1942 – February 1943) with dozer blade and Winterketten on the road between Charkov and Kiev, around February 1943. This form of the driver's side visor was dropped a bit later on. The crews really loved this new sub-version. Although a lot of small changes were made until the end of the war, the Ausf. G kept its basic shape - that shows the success of the design.

Érdekes két fénykép (itt és a következő oldalon) egy StuG. III Ausf. G (Alkett, 1943. 04.) rohamlövegről, valahol a Szovjetunióban. A rohamlöveg jellemzői (a felépítmény vezetőoldali, csavarozott pót páncélzata és a korai köténylemez) alapján áprilisban gyártották. A harcjármű a 282. Infanterie-Division (282. gyaloghadosztály) alakulatjelzését viseli, valószínűleg 1943 késő nyarán vagy kora őszén.

Two interesting photographs of a Stug. III Ausf. G assault gun (produced by Alkett), taken somewhere in the USSR. Judging by its features, (extra armour plates bolted to the superstructure on the driver's side, early side-skirts) it was produced in April 1943. The combat vehicle bears the unit insignia of the 282. Infanterie-Division (282nd Infantry Division), probably in late summer or early autunm, 1943.

A Sturmgeschütz-Abteilung 905 rohamlövegeit 1943. augusztus 24-től alárendelték a 282. Infanterie-Divisionnak. Így nagy valószínűséggel e rohamlövegosztály StuG. III-jai viselték átmenetileg a hadosztály jelzését. A gránátosok és a hosszabb ideig alárendelt rohamlövegek kiválóan együttműködtek a harcban. Ezért 1943 végétől számos gyalog- és vadászhadosztály páncélvadászosztálya kapott egy-egy század saját rohamlöveget.

The assault guns of the Stug.-Abt. 905 were placed under the command of the 282. Infanterie-Division from 24 August 1943. Therefore it is highly possible that it was the StuG. IIIs of this Stug-Abt., that used – although temporarily – the insignia of the division. The grenadiers and the assault guns, subordinated to the division over a prolonged period of time, cooperated excellently in battle. As a result, the Panzerjäger-Abteilungen of several Infanterie- and Jäger-Divisionen were given their own Sturmgeschütz-Kompanie from late 1943.

A 10. SS-Panzer-Division „Frundsberg" állományában lévő, kiváló állapotú StuG. III Ausf. G (MIAG, 1943.06-08) rohamlöveg, talán Pomerániában, 1945-ben. A hadosztály alárendeltségében 1943-ban szervezték meg a rohamlövegosztályt, amelyet decemberben feloszlattak. 1944 januárjától a 10. SS-páncélosezred II. osztálya rendelkezett kettő század (7. és 8.), hosszú csövű StuG. III-assal. Figyeljük meg, hogy a lövege egyszínű, terepfestése feltehetően páncélsárga és barna!

StuG. III Ausf. G (MIAG, June- August 1943) of 10. SS-Panzer-Division „Frundsberg" in excellent condition, probably in Pomerania, 1945. The division's Sturmgeschütz-Abteilung had been raised in 1943, but was disbanded in December of the same year. From January 1944 the II./SS-Pz.Rgt. 10 had long barrelled StuG. III's in its 7th and 8th Companies. Note the assault gun's camouflage scheme, which is probably red brown over the dark yellow base. The gun barrel is covered only with gray primer.

Péter Kocsis Collection

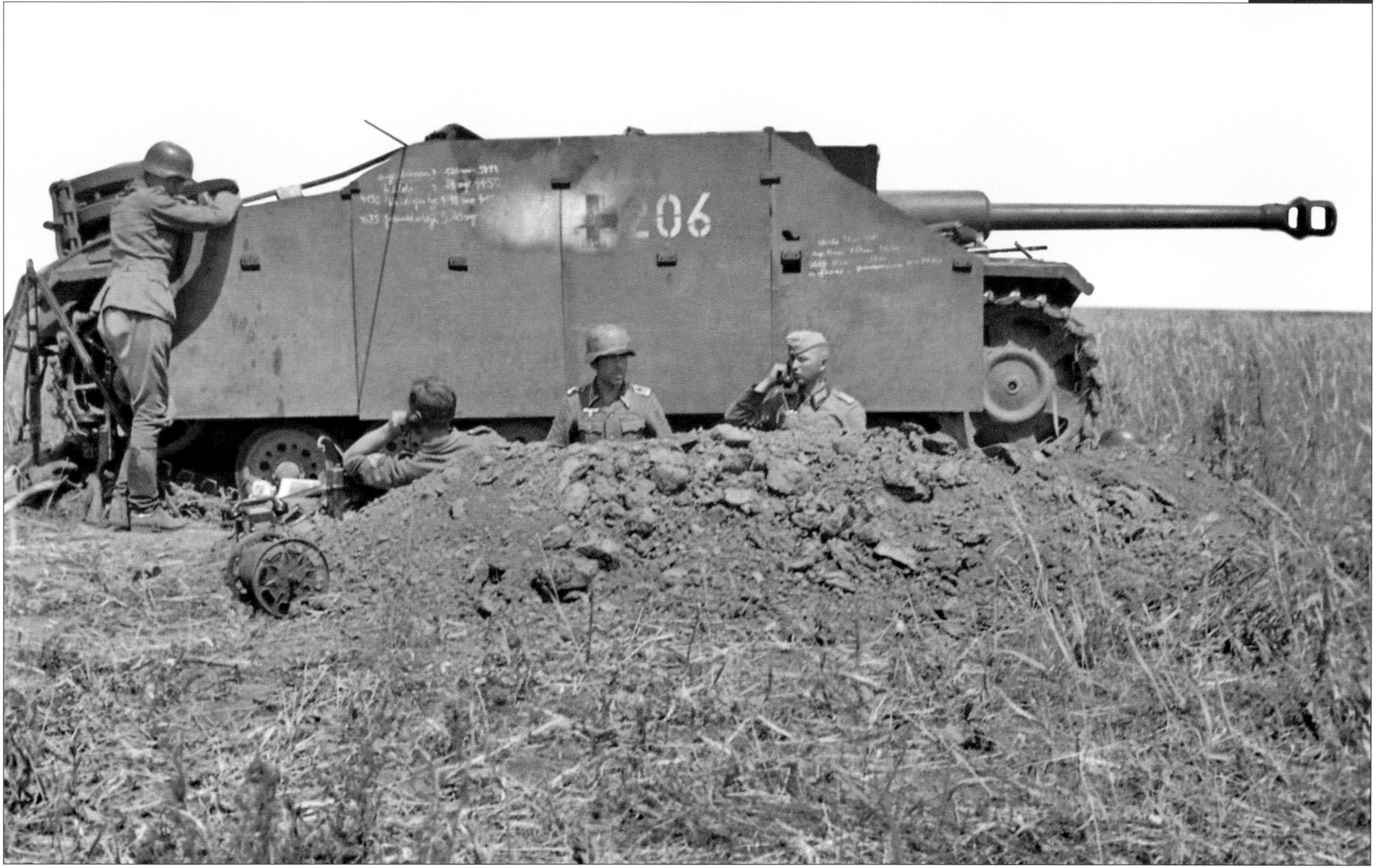

Ismeretlen csapattest egyik StuG. III Ausf. G (Alkett/MIAG, talán 1943.06) rohamlövege, valahol a keleti fronton. A képen jól látható a lövegpajzson és a 2. és 3. kötény tetején az égés nyoma. A tüzérségi megfigyelő csoport feltehetően a páncélvédelem adta lehetőségeket kihasználandó települt a löveg közelébe. Érdekes a kései kialakításra emlékeztető köténytartó szerkezet.

Burnt out StuG. III Ausf. G (Alkett/MIAG probably June 1943) of an unknown unit, somewhere on the Eastern Front. Burn marks are clearly seen on the gun mantlet and on the top of the 2nd and 3rd side skirts. The Artillery Observation Troops settled down close to the assault gun are probably trying to take advantage of its armour protection. Interesting to note is the frame of the side skirts which reminds us of the late version.

A következő két felvételen egy elhagyatott StuG. III Ausf. G (Alkett/MIAG, 1943.04-07) látható Melitopolban (Ukrajna), a Zaporozsszkaja utcában, 1943-ban. A sérülés kapcsán számos terület megfigyelhető: a meghajtógörgő kerékagyának tárcsája, az első futógörgő, a felépítmény oldalpáncélzatán a lánctalptartó, az erőátviteli rész feletti üléstámla, stb.

The next two pictures show an abandoned StuG. III Ausf. G (Alkett/MIAG April – July 1943) on Zaporozhskaya street in Melitopol (Ukraine), 1943. The damage draws our attention to several parts of vehicle: the wheel hub of the drive sprocket, the first road wheel, the spare track holder on the side of the superstructure and the driver's seat above the transmission.

Érdekes lehet, hogy míg a rohamlöveg bal oldalán az 1943-ban rendszeresített, 40 cm-es, teli vezetőfogas lánctalp látható, addig a jobb oldalra ennek a kimart vezetőfogas változatát szerelték. Ez azért is figyelemre méltó, mert a kimart fogas változat 1944-ben került rendszeresítésre, de már a jégkapaszkodóval kiegészített futófelületű változaton.

Interesting to note the difference between the tracks: while on the left side we can see the 40cm wide solid-tooth tracks authorized in 1943, on the other side there is the lightened version. It is remarkable because the latter was already authorized in 1944 with non-skid chevrons.

Péter Kocsis Collection

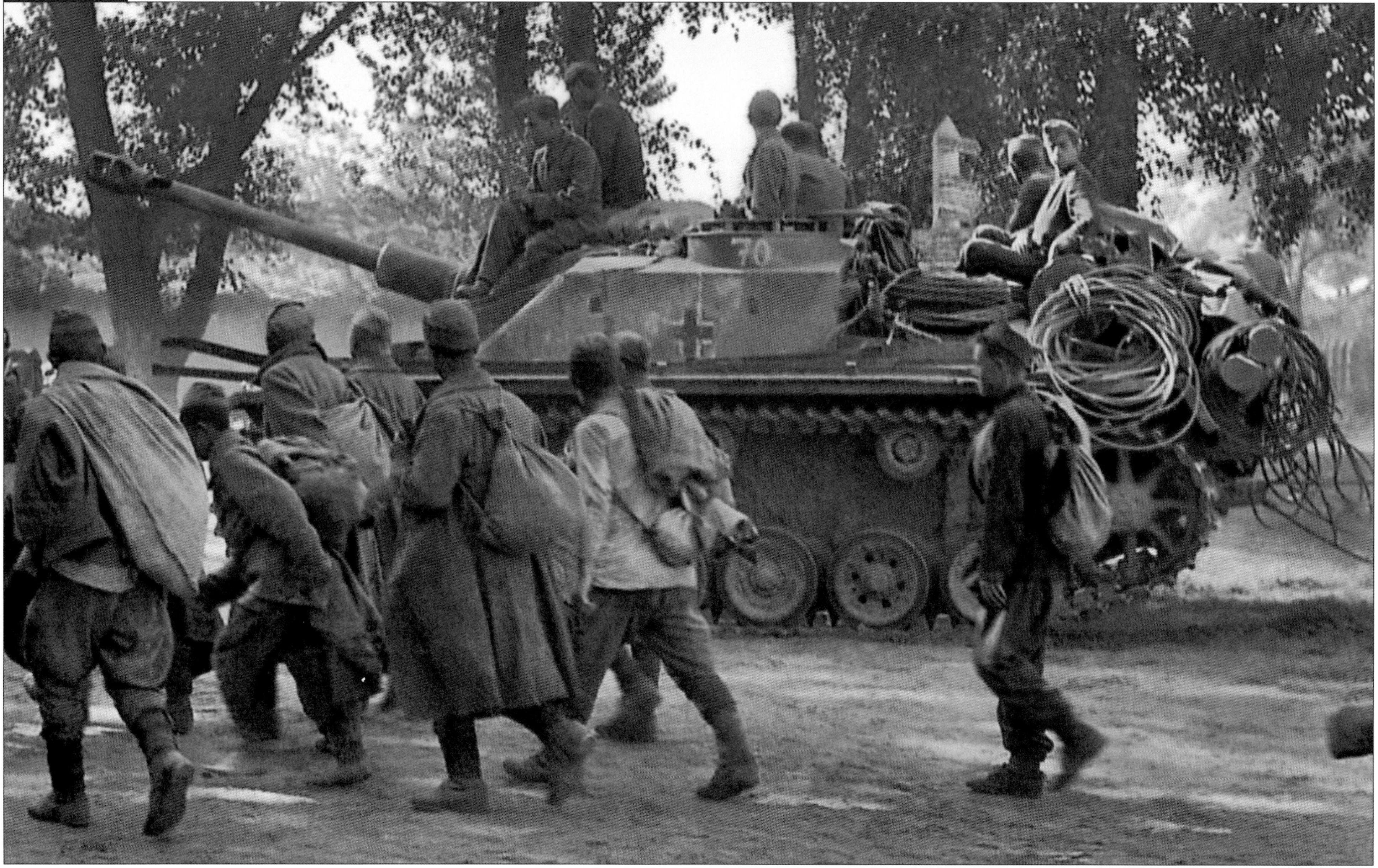

A következő felvételpáron egy vontatás pillanatait láthatjuk a keleti fronton. Az első (vontató) rohamlöveg egy StuG. III Ausf. G (Alkett/MIAG, 1943.04-07). A képeken több érdekesség is megfigyelhető: a lövegcsövet – közvetlenül a csőszájfék mögött – átlőtték, a parancsnoki kupola búvónyílásának ütközőbakját táborilag levágták, a motortér felett számos málhafelszerelés látható, talán egy híradó alegység eszközeit (vezetékek, tartóelemek) szállítják.

The next two shots show the moments of recovery on the Eastern Front. The first (towing) assault gun is a StuG. III Ausf. G (Alkett/MIAG April – July 1943). There are several interesting features: the gun barrel was shot through right behind the muzzle break, the bumper of the hatch of the commander's cupola has been removed by the crew and there is a lot of stowage above the engine compartment (probably equipment of a signal unit).

A vontatott StuG. III Ausf. G (MIAG, 1943.07-08). Itt is számos érdekesség vonja magára a figyelmet, például az erőátviteli tér feletti, tömörnek tűnő anyag (beton), amelyre határozottan teszi a lábát az egyik katona, valamint a kötényezés, ahol megfigyelhető a két elem csatlakozása, a vontatószem alkalmazása, stb.

The towed StuG. III Ausf. G (MIAG, July – August 1943) from the previous picture. A number of interesting features are grabbing our attention again: a seemingly solid material (concrete) over the transmission on which one of the soldiers is stepping, the side skirts where we can see the overlapping of two panels, the use of the towing hook, etc…

Vontatási gyakorlatot láthatunk a képen, ahol a 92071 alvázszámú StuG. III Ausf. G (Alkett, 1943.02-03) löveget készítik elő vontatásra. A beazonosításban nagy segítség az alvázszám, mivel 92001-95001 között csak az Alkett adott ki rohamlöveget. Az első szériát 1943 februárjában gyártották. Noha abban a hónapban 140 darabot adtak át, nem lehetünk biztosak a februárban, mivel nem tudjuk pontosan mikor tért át az Alkett az új szériára.

We can see a towing exercise in this photo, where the StuG. III Ausf. G (Alkett, February – March 1943), chassis number 92071 is being prepared for towing. The chassis number is a big help in identification of the vehicle, as only Alkett issued assault guns with numbers 92001 – 95001. The first series from number 92001 was manufactured in February 1943. However, 140 units were handed over in that month so we can't be sure about February as we don't know exactly when Alkett changed to the new series.

Talán a Sturmgeschütz-Abteilung 177 egyik StuG. III Ausf. G (Alkett/MIAG, 1943.04-07) rohamlövege a keleti fronton, 1943-ban. Ebben a kötetben számos alkalommal feltűnik a betonból, táborilag készített kiegészítő páncélzat, amely itt kiválóan megfigyelhető. Érdekes a tartószerkezet, amit a felépítmény frontpáncélzatára hegesztett fémlapokból készítettek. A parancsnoki kupola előtt is egy védelmi alkalmatosság látható, amelyet később már gyárilag beépítettek.

StuG. III Ausf. G (Alkett/MIAG April – July 1943), probably from Sturmgeschütz-Abteilung 177 on the Eastern Front, 1943. The field made additional concrete armour appears several times in this book and it can be seen very well in this picture. Interestingly, in this case the crew used three small metal plates to secure the concrete on the compartment. In front of the commander's cupola there is also some kind of additional armour protection which became a standard solution on the later produced vehicles.

Elhagyatott StuG. III Ausf. G (Alkett/MIAG, 1943.04-07) Lviv városban (Ukrajna, 1944-ben Lvov), 1944. július 27-én. A kép kiválóan érzékelteti, hogy az új szovjet páncélosok milyen hatással voltak a rohamlövegek kezelőire. Betonból készített kiegészítő páncélzat, T-34 lánctalpdarab, az oldalpáncélon ugyanez, csak 40 cm-es német lánctalppal. A felépítmény elülső részének oldalait is rendszeresen feltöltötték betonnal.

Abandoned StuG. III Ausf. G (Alkett/MIAG April – July 1943) in Lvov (Ukraine), 27 July 1944. This picture illustrates very well the new Soviet tanks' effect on the crews of the assault guns. They protected the StuG with additional concrete armour, T-34 track links and 40cm wide german track links on the side armour. Even the side of the compartment was sometimes covered with concrete.

M31 TRV (Tank Recovery Vehicle) vontat egy StuG. III Ausf. G (Alkett, 1943.02-05) rohamlöveget az olaszországi Mount Lungo környékén, 1944. január 13-án. A motortér farpáncélzatának bal oldalán a rohamlöveg-alakulatok harcászati jelzése látható, azonban nem azonosítható be egyértelműen az egység, amelynek harcjárműve lehetett.

A US M31 TRV (Tank Recovery Vehicle) towing a StuG. III Ausf. G (Alkett, February – May 1943) near Mount Lungo, Italy, 13 January 1944. Clearly seen is the assault gun unit's tactical sign on the left side of the engine compartment's rear armour plate, although the unit can't be identified.

Archive of Modern Conflict

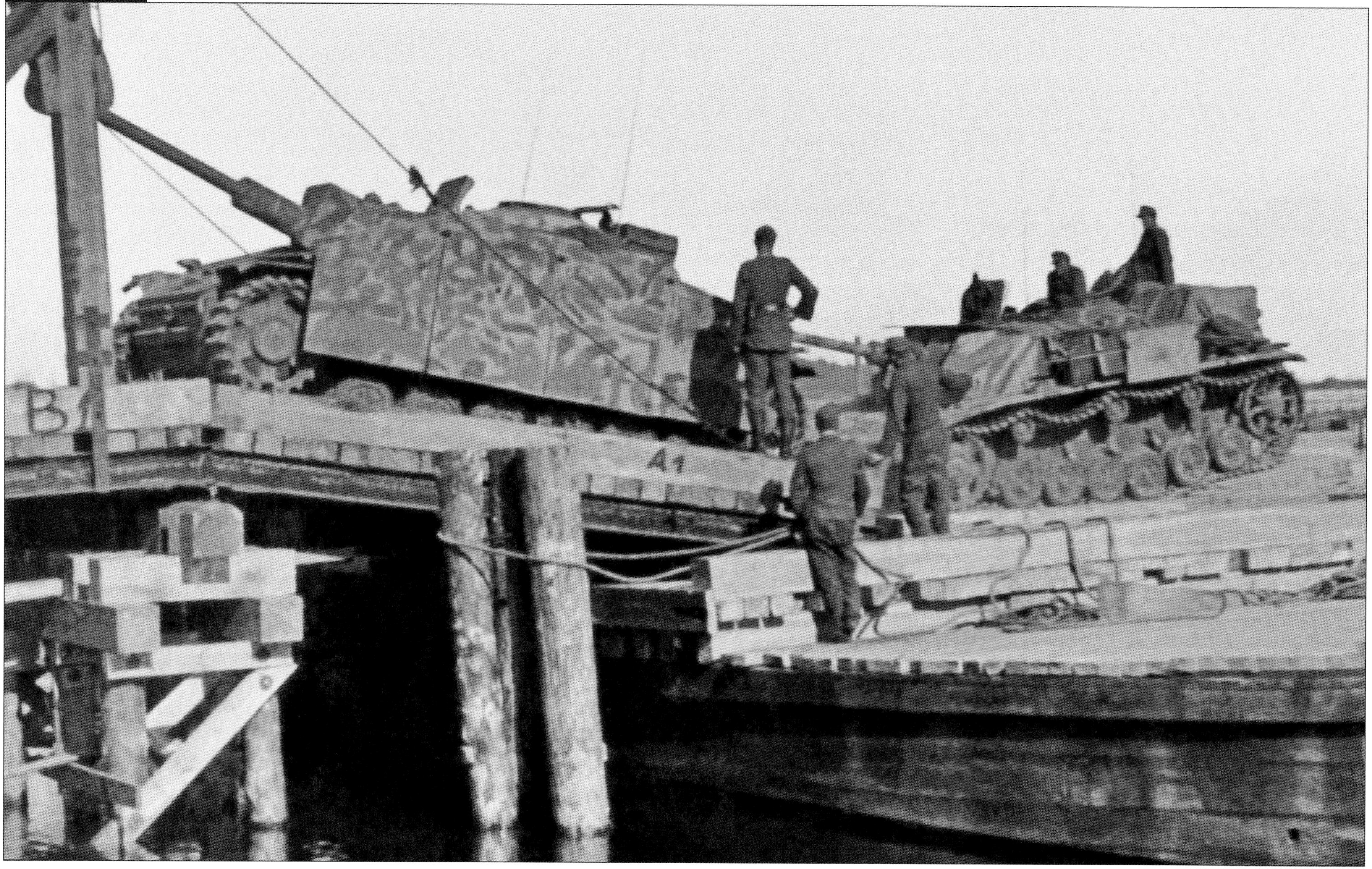

Rohamlövegek Cserkasszi (Ukrajna) körzetében, feltehetően a Dnyeper folyó egyik ágánál. Mindkettő StuG. III Ausf. G, az első az Alkett gyártmánya, amely valószínűleg 1943.06-08 között épült. Érdemes megfigyelni a járművek festését; szinte biztos, hogy a táborilag festett terepminta páncélsárga alapon barna és zöld foltos (csíkos). A hátsó lövegen látható a futómű kitérése, amikor a harcjármű elejére helyeződik a súly.

Assault guns in the area of Cherkassy (Ukraine), probably at one of the branches of the River Dnieper. Both are Ausf. Gs. The first was made by Alkett, probably between June – August 1943. It's worth noting the painting of the vehicles; it is nearly certain that the field made camouflage contains of brown and green stripes over the dark yellow base. We can see the displacement of the running gear as the weight is placed on the vehicle's front.

StuG. III Ausf. G (Alkett, 1943.04-06), valahol a keleti fronton. Ez a rohamlöveg feltehetően az Alkett első generációs, már homogén, 80 mm-es frontpáncélzattal gyártott változata. Megfigyelhető a köténygezés és a futógörgők sáros mivolta, valamint – a használat ellenére – a löveg csőszájfékének „tisztasága".

StuG. III Ausf. G (Alkett, April – June 1943) somewhere on the Eastern Front. This assault gun is probably one of the very first Alkett versions with 80mm homogeneous front armour. The side skirts, the mud on the running wheels and the cleanliness of the muzzle break (despite the usage) are notable.

A 24. Panzer-Division (24. páncéloshadosztály) harcjárművei hajtanak végre éleslövészetet Olaszországban, talán 1943 nyár végén. A hadosztály 1943. augusztus 20-ai jelentése alapján 42 darab StuG. III rohamlöveggel rendelkezett. A kép előterében a „943" harcászati azonosítószámú StuG. III Ausf. G (Alkett/MIAG, 1943.03-05) látható, mellette a hadosztály Pz.Kpfw. IV Ausf. H-ja.

Fighting vehicles of 24. Panzer-Division on a live firing exercise in Italy, probably at the end of the summer of 1943. According to its strength report, the division had 42 StuG. III assault guns on 20 August 1943. In the foreground of the picture we can see a StuG. III Ausf. G (Alkett/MIAG, March – May 1943) with tactical number „943", while next to it is one of the division's Pz.Kpfw. IV Ausf. Hs.

Szintén a 24. Panzer-Division rohamlövegei, feltehetően harcászati gyakorlaton Olaszországban, 1943 késő nyarán. Az első StuG. III Ausf. G (Alkett, 1943.05-07), a második szintén (Alkett/MIAG, 1943.03-06). A páncélos alakulatoknál a rohamlövegek gyakran 3 számjegyű harcászati azonosítót viseltek a hagyományos harckocsizó harcvezetés miatt.

These are also assault guns of 24. Panzer-Division, probably on exercise in Italy, late summer 1943. Both are Ausf. Gs; the first was made by Alkett, May – July 1943, the second was by Alkett or MIAG, March – June, 1943. The assault guns used by tankers often had three digit numbers because of traditional tactical numbering systems.

Amerikai katonák vizsgálnak egy elhagyatott StuG. III Ausf. G (Alkett/MIAG, 1943.05) rohamlöveget Coriban (Olaszország), 1944-ben. A gyártás beazonosításában segít, hogy a test homogén frontpáncéljának, a löveg és a ködgránátvetők gyártási dátuma egy időpontra mutat.

US soldiers examine an abandoned StuG. III Ausf. G (Alkett/MIAG May 1943) in Cori, Italy, 1944. It helps to identify the production that the maufacturing dates of the homogeneous front armour plate, the gun and the smoke dischargers coincide.

Nehéz eldönteni, mi történt! A StuG. III Ausf. G (Alkett, 1943.03-05) sérült; bal oldali futóműve rongálódott (feltehetően csak a lánctalp szakadt el), valamint a parancsnoki kupola búvónyílása – a kép tanúsága szerint – letörött.

It is difficult to decide what happened here! The running gear on the left side of this StuG. III Ausf. G (Alkett March – May 1943) is damaged (probably why the track came apart) and according to the picture the hatch of the commander's cupola simply broke.

A 3. Panzergrenadier-Division (3. páncélgránátos-hadosztály) alárendeltségében tevékenykedő Panzer-Abteilung 103 (103. páncélos-osztály) egyik StuG. III Ausf. G (Alkett, 1943.04-05) rohamlövege Róma körzetében, 1944-ben. A kép betekintést enged a küzdőtér tetőpáncélzatának kialakításába, ahol láthatjuk, hogy az irányzótávcső feletti rész nem volt erős kötéssel rögzítve a tetőpáncélzathoz.

A StuG. III Ausf. G (Alkett, April – May 1943) of Panzerjäger-Abteilung 103 near Rome, 1944. The unit was subordinated under the control of 3. Panzergrenadier-Division at that time. The picture clearly shows the layout of the fighting compartment's roof armour where we can see that the part above the gunner's sight was not firmly attached to the roof.

Az SS-Sturmgeschütz-Kompanie 1007 „Prinz Eugen" egyik StuG. III Ausf. G-je (Alkett, 1943. 11-1944.03) Bosznia, 1944. Ennek a csapattestnek több szempontból egyedi lövegei voltak (egy másik rohamlövegükre például keresőlámpát telepítettek), itt a tábori festés mellett a zimmerit is érdekes, a parancsnoki kupolán, de még a lövegpajzs előtti részen is látható! Talán a partizánok elleni harc miatt alakult így, mindenesetre érdekes!

StuG. III Ausf. G (Alkett, November 1943 – March 1944) of SS-Sturmgeschütz-Kompanie 1007 „Prinz Eugen" (SS-Assault Gun Company), Bosnia, 1944. This unit's assault guns are very interesting in several ways. Not only the camouflage paint scheme of this StuG is very remarkable, but it has Zimmerit on the commander's cupola and even in front of the gun mantlet (another of the StuGs from the same unit had a searchlight attached)! Perhaps the fighting against the partisans led to this solution – but at least it is interesting!

Talán a Panzer-Abteilung 103 egyik elhagyatott StuG. III Ausf. G (Alkett, 1943.04-06) rohamlövege Liége városában. Ez a kép jó példa arra, hogy a rohamlövegeket több alkalommal visszaszállították a gyárakba felújítás céljából. Itt láthatjuk, hogy a löveg (1944 közepétől gyártották) és a zimmerit (1944. októbertől alkalmazta az Alkett) utólagosan került a harcjárműre, azonban minőségéből következtethető, hogy gyári kapacitással rendelkező ipari javítóbázison történt a szerelés.

An abandoned StuG. III Ausf. G (Alkett, April – June 1943), probably from Panzer-Abteilung 103 in Liege. This picture is a good example of the assault guns that were sent back several times to the factories for overhauling. Here we can see that the gun (produced from mid 1944) and the Zimmerit coating (applied until October 1944 by Alkett) were added but due to their good quality it is probable that these were installed in a factory, not in field conditions.

Igazán érdekes kép egy a Sturmgeschütz-Abteilung 280 egyik StuG. III Ausf. G (Alkett/MIAG, 1943.04-07) harcjárművéről, talán Kijev-Zsitomir (Ukrajna) térségében, 1943 végén. A rohamlöveg fő fegyverzete, parancsnoki kupolája és – ha nem csal a fénykép – a töltőkezelő nyílása hiányzik; utóbbit valamivel pótolták, a lövegnél nagy mennyiségű lánctalpprésszel egészítették ki páncélzatát. Az alakulat a hiányosságok ellenére nem adta le a rohamlöveget nagyjavításra.

A very interesting picture of a StuG. III Ausf. G (Alkett/MIAG April – July 1943) of Sturmgeschütz-Abteilung 280, probably in the area of Kiev – Zhytomyr (Ukraine) at the end of 1943. The vehicle's main gun, the commander's cupola and the hatch of the loader are missing (although the photo isn't perfectly clear); the latter has been replaced with something. The hole for the main gun has been strengthened with additional spare track links. Most likely the unit didn't want to hand it over to the maintenance unit.

A 10. SS-Panzer-Division „Frundsberg" állományából két Sd.Kfz. 9 FAMO vontat egy Sd.Ah. 116 mélyrakodó utánfutót, rajta egy StuG. III Ausf. G-t (Alkett/MIAG, 1943.04-06) Pomerániában, 1945-ben. Noha ezt a terhet egy FAMO is könnyen elvontatta, a képen a talaj miatt segítségre szorul, így egy másik FAMO segíti feladatában.

Two Sd.Kfz. 9 FAMO of 10. SS-Panzer-Division „Frundsberg" transporting a StuG. III (Alkett/MIAG, April – June 1943) on a Sd.Ah. 116 trailer in Pomerania, 1945. Although the FAMO could tow a heavy load like this easily, in this case because of the muddy ground it needs the help of another vehicle.

Művészi tehetséggel megáldott kezelők ülnek StuG. III Ausf. G (Alkett/MIAG, 1943.04-09) rohamlövegükön, feltehetően 1943/44 telén, valahol a keleti fronton. Jól látható a különbség a rohamlöveg testpáncélzatán és a kötényezésen lévő, szinte vadonatúj téli álcafestés között.

Artistically gifted crew sitting on their StuG. III Ausf. G (Alkett/MIAG April – September 1943), probalby in the winter of 1943-1944, somewhere on the Eastern Front. Clearly visible is the difference between the almost new winter camouflage on the hull and the side skirts.

Péter Kocsis Collection

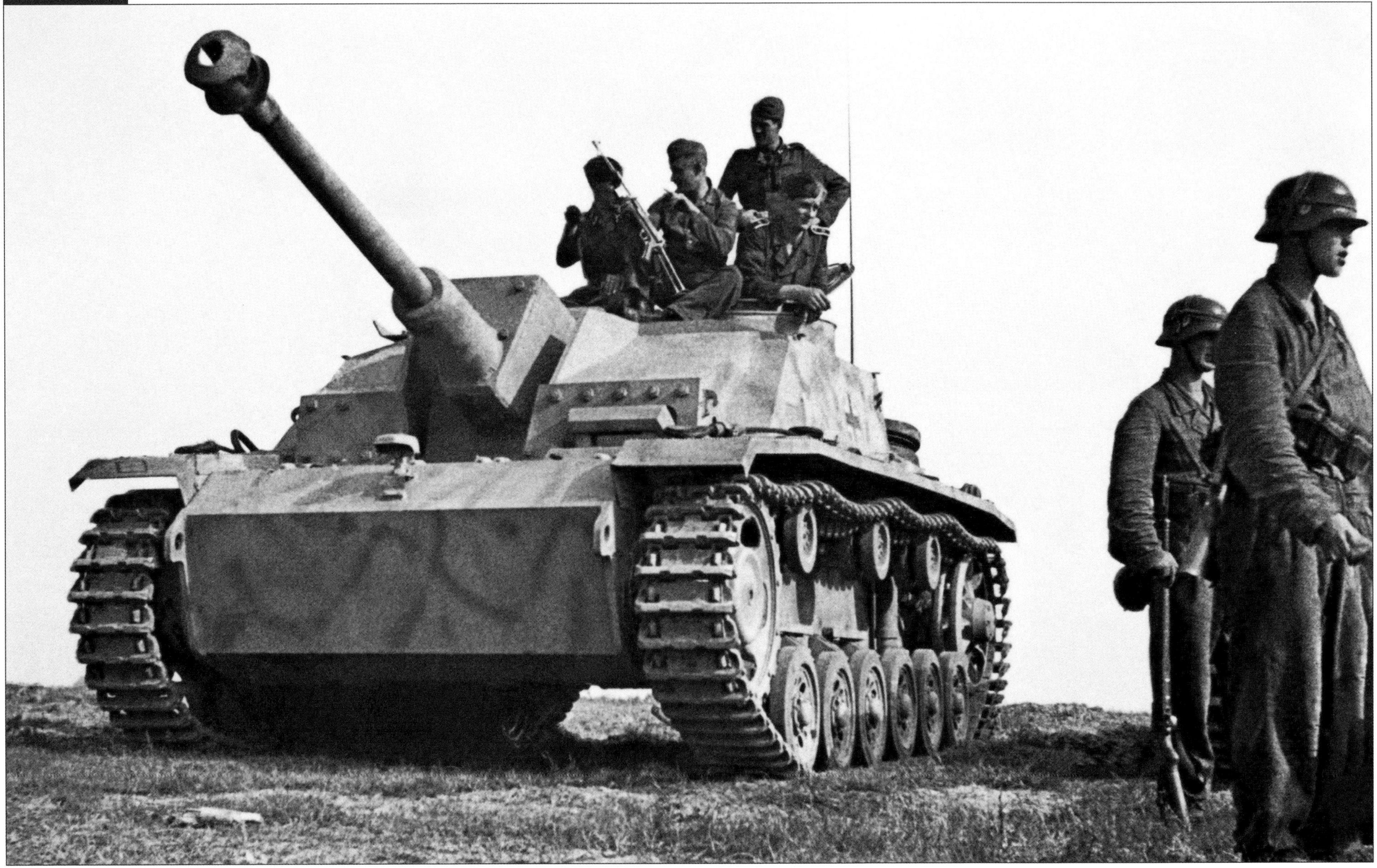

Ismeretlen Waffen-SS alakulat páncélos-osztályának (lásd jobb sárvédőn a jelzést) egyik StuG. III Ausf. G (Alkett/MIAG, 1943.05-09) rohamlövege. A kép minden bizonnyal kiképzési napon készült. Figyeljük meg az egyetlen tábori átalakítást, közvetlenül a futógörgők felett található feltehetően lánctalptartókat!

A StuG. III Ausf. G (Alkett/MIAG, May – September 1943) of an unknown Waffen-SS unit's Panzer-Abteilung (see the tactical marking on the front mudguard). The picture was probably taken on a training day; note the only field modification, the track holders right above the road wheels.

A következő három felvételen a Sturmgeschütz-Brigade 177 harcjármű oszlopát láthatjuk, Vilnius környékén (Litvánia), 1944. április-májusban. Ahogy korábban szó volt róla, ez a csapattest minden ésszerű dolgot bevetett a rohamlövegek védelmének növelésére. A képen a "209" harcászati azonosítószámú StuG. III Ausf. G (MIAG, 1943.11-1944.01.) látható.

In the following three pictures we can see a column from Sturmgeschütz-Abteilung 177 in the area of Vilnius, April – May 1944. As we mentioned before, this unit used every reasonable means to increase the protection of their assault guns. Here we can see the StuG. III Ausf. G (MIAG, November 1943 – January 1944) with tactical number „209".

Az előző fényképről ismert rohamlövegen számos nagyon érdekes dolog fedezhető fel: a por/sár elvezetésére kiegészítő sárvédők, T-34 lánctalp a frontpáncélon (a szélein félbevágva!), a vontatás munkálatának megkönnyítése érdekében a frontpáncélra áthelyezett horgok, plusz lánctalpcsapok a felépítmény frontpáncélzatánál, a löveg alatt fahasábok, a már gyárilag megerősített parancsnoki kupola védelmének további növelése betonnal.

The same assault gun. More and more interesting things can be discovered in this picture: additional mudguards, track links from a T-34 on the front armour (a few of them cut in half!), relocated towing hooks to ease recovery, additional track pins on the front armour of the superstructure under the gun barrel(!), and further increasing (with concrete) the protection of the already strengthened commander's cupola.

Rejtély, hogy a képen látható StuG. III Ausf. G (MIAG, 1943.12-1944.02) kiegészítő páncélzatára miként került az 1940-es, korai T-34 lánctalp. Azt tették a betonba, megerősítve a felépítmény frontpáncélzatát, még az oldalsó elemeknél is, valamint nagymennyiségű málha látható a motortér felett. Ha nem ismernénk a rohamlöveg-dandár tapasztalati jelentéseit, a képek alapján akkor is biztosan állíthatnánk, hogy tapasztalt egységet látunk.

It is a mystery how this early T-34 track (1940 production) got used for additional armour on this StuG. III Ausf. G (MIAG, December 1943 – February 1944). It was built into the concrete to reinforce the front armour of the superstructure as well as on the sides. Furthermore, there is a large amount of stowage above the engine compartment. We can be sure that this is an experienced crew even if we don't know the experience of the unit.

Elhagyatott StuG. III Ausf. G (Alkett, 1943.05). A harcjárművet minden bizonnyal átvizsgálták és megdézsmálták, erről tanúskodik – többek között – a küzdőtér tetőpáncélzatára, függőlegesen felhelyezett 7,5cm-es Panzergranate Patrone 39 (KwK 40).

Abandoned StuG. III Ausf. G (Alkett, May 1943). The vehicle was surely searched and plundered – evidenced by the 7.5cm Panzergranate Patrone 39 (KwK 40) round standing on the roof.

Az amerikai 5. hadsereg sávjában, a 196. Signal Photographic Company egyik fényképésze (feltehetően Chester G. Rusbar) által lencsevégre kapott StuG. III Ausf. G (Alkett, 1944.06-08), Ponzalla térségében, 1944. szeptember 19-én. Meglehet, a dokumentáló csapat katonái hiányoztak az ellenség eszközeit ismertető foglalkozásról, mivel az eredeti fotóra „kilőtt Mark IV harckocsi" feliratot mellékeltek.

A StuG. III Ausf. G (Alkett, June – August 1944) pictured in the sector of the 5th U.S. Army by a photographer of the 196th Signal Photographic Company (probably Rusbar Chester G.) in the area of Ponzalla, 19 September 1944. Perhaps the soldiers missed the „identification of enemy armour" lesson, as they marked the original photo with the following label: „Knocked out Mark IV tank".

A 92262 alvázszámú StuG. III Ausf. G (Alkett, 1943.06-07), Messinában (Szicília), 1943. augusztus 7.-én. Az eredeti kép felirata szerint a rohamlöveget a szövetséges csapatok hátulról, meglepetésszerű támadással semmisítették meg.

StuG. III Ausf. G (Alkett, June – July 1943), chassis number 92262 in Messina (Sicily), 7 August 1943. According to the original caption, this assault gun was destroyed by allied troops by attacking it from behind during an ambush.

Bajba jutott StuG. III Ausf. G (MIAG, 1944.10) – a képaláírás szerint – Olaszországban (talán San Vincenzoban), 1944. október 21-én. A küzdőtér tetőpáncélzatán megfigyelhető a forgatható géppuskaállvány, az önvédelmi fegyver hiányában odacsavarozott, kör alakú lemez, a parancsnoki kupola előtti ballisztikai pótpáncélzat, valamint a késői kötényzet tartószerkezete.

A StuG. III Ausf. G (MIAG, October 1944) in trouble. According to the original caption, the picture was taken in Italy (probably in San Vincenzo), 21 October 1944. We can see the rotatable remote-control machine gun, the rounded cover plate bolted over the opening of the close defence weapon, the ballistically shaped additional armour in front of the commander's cupola on the fighting compartment's roof and the late version brackets for the side skirts.

A Sturmgeschütz-Brigade 667 (vagy jogutódja, a Heeres-Sturmartillerie-Brigade 667) egyik elhagyatott, 97012 alvázszámú StuG. III Ausf. G (MIAG, 1944.06-09) rohamlövege, valahol a nyugati fronton. Két szempontból mindenképpen érdekes a felvétel: tisztán kivehető a lövegrögzítő a frontpáncélon, valamint – a fekete-fehér fotó ellenére – kiválóan látható a beton elhelyezkedése.

StuG. III Ausf. G (MIAG, June – September 1944, chassis number: 97012) of Sturmgeschütz-Brigade 667 (or its successor, Heeres-Sturmartillerie-Brigade 667) somewhere on the Western Front. Two aspects of this picture are definitely interesting: we have a very good view of the external travel lock on the hull's front armour and the positioning of the concrete on the superstructure.

Kilőtt StuG. III Ausf. G rohamlövegek mellett tartanak az üveggyárba a munkások, az ukrán Csernyivci város határában, 1944 tavaszán. Ez a terület az 1. Ukrán Front sávjába esett. Mindegyik rohamlöveg megsemmisült, azaz véglegesen leírt veszteség. A kiégett harcjárműveket már nem tudták hasznosítani, mivel a páncélzat szilárdsága a hő hatására hátrányosan megváltozott.

Employees of the glassworks passing by these knocked out StuG. IIIs near Chernivtsi (Ukraine) in the spring of 1944. This area was in the sector of the 1st Ukrainian Front. All of these assault gun have been destroyed so they were total write offs. The burnt out vehicles could not be used anymore because the heat of the fire changed the solidity of the armour.

A 24. Panzer-Division "1134" harcászati azonosítószámú StuG. III Ausf. G (Alkett, 1944.06-09) rohamlövege. Kiválóan látható az Alkett által használt zimmerit mintázata, valamint a késői köténylemez belső tartószerkezete a jobb oldali, első köténynél. A kezelők tábori szürke nadrágban és fekete (páncélos) zubbonyban vannak. Érdekes, hogy a töltőkezelőnél láthatjuk a parancsnoki szögtávcsövet.

StuG. III Ausf. G (Alkett, June – September 1944), tactical number „1134" of 24. Panzer-Division. The Alkett-style zimmerit and the brackets on the inner side of the RHS skirts are clearly seen. The crew wear gray trousers and black (tanker) jackets. Note the loader holding the commander's scissors periscope.

Ezen a képen a Sturmgeschütz-Abteilung 600 „100" harcászati azonosítószámú rohamlövegét láthatjuk, amely az 1. üteg parancsnokáé volt. A StuG. III Ausf. G-t az Alkett gyártotta 1943 szeptembere és 1944 márciusa között. A köténylemezeken a táborilag készített zimmeritezés sokféleségét láthatjuk.

This StuG. III Ausf. G (Alkett, September 1943 – March 1944) belonged to the commander of the 1./Sturmgeschütz-Abteilung 600. Note the different styles of the field applied zimmerit coating on the side skirts!

Az előtérben egy StuG. III Ausf. G (Alkett, 1944.06-07), mögötte egy StuH. 42 Ausf. G (Alkett, 1944.03-07) rohamtarack a keleti fronton, feltehetően 1944 telén. A rohamlövegek (és –tarackok) a gyalogság támogatói maradtak a háború utolsó évében is. Noha a szervezeti utasítás szerint minden rohamlövegdandár állományába került volna ütegenként egy szakasznyi StuH. 42, ez nem valósult meg minden csapattestnél.

There is a StuG. III Ausf. G (Alkett, June – July 1944) in the foreground and a StuH. 42 Ausf. G (Alkett, March – July 1944) behind it, probably in the winter of 1944 on the Eastern Front. The assault guns (and assault howitzers) remained supporters of the infantry even in the last year of the war. According to the order of organization of the Sturmgeschütz-Brigaden every battery should have had a platoon of Sturmhaubitze but this could not be realized in all cases.

Meglehet, hogy a Sturmgeschütz-Brigade 177 rohamtüzérei láthatóak a képen, akik némi pihenéshez jutottak a keleti front forgatagában, 1944 nyarán. Az előtérben álló StuG. III Ausf. G (Alkett, 1943.10-1944.02.) zimmerit mintázata figyelemre méltó, akárcsak az alsó alátámasztás nélküli köténylemezek dőlésszöge.

Presumably these are soldiers of Sturmgeschütz-Brigade 177, who were given a short break from the chaos of war in the summer of 1944. The scheme of the Zimmerit coating is very interesting on the StuG III Ausf. G (Alkett, October 1943 – February 1944) in the foreground, just like the angle of its side skirts which have no lower support.

A képen látható StuG. III Ausf. G (Alkett, 1943.9-1943.11) rohamlövegen két dolgot érdemes megfigyelni: a töltőkezelő búvónyílása elé telepített géppuska védőlemezében a kivágást az MG-42 géppuskához tervezték, itt azonban egy MG 34-t láthatunk. Az irányzótávcsövön látható a kiegészítő „cső", amely a szemből érkező napsugarak miatti becsillanást volt hivatott megakadályozni.

Two features are interesting to note on this StuG. III Ausf. G (Alkett, September 1943 – November 1943). The opening in the shield in front of the loader was designed for the MG 42 machine gun but here we can see an MG 34. Also, the gunner's sight has an add-on tube which was fixed there to prevent glare from the sun.

A veterán Heeres-Sturmgeschütz-Brigade 185 egyik kilőtt, talán véglegesen leírt StuG. III Ausf. G (Alkett, 1944.06-09) rohamlövege a keleti fronton, 1944 késő nyarán. Több találatot kapott a test frontpáncélzatán, valamint a felépítményen a vezető előtti, csavarozott páncéllemez tetejénél. Mindegyik találat átütést ért el. 1944-től a StuG. III páncélzata elégtelen volt még szemből is, azonban a rohamtüzérek képzettsége lehetővé tette a sikeres alkalmazását még ilyen körülmények között is.

Knocked out (and most probably a total write off) StuG. III Ausf. G (Alkett, June – September 1944) of the veteran Heeres-Sturmgeschütz–Brigade 185 on the Eastern Front, late summer 1944. It received several hits on the front glacis and on the bolted armour plate in front of the driver – all of them penetrated. From 1944 onwards the armour protection of the StuG. III was inadequate even from the front, but the skill and qualification of the crews made them successful even under these conditions.

A 3. Belorusz Front sávjában megsemmisített StuG. III Ausf. G (Alkett, 1943.10-11) rohamlöveg 1944 júliusában. A feltehetően tüzérségi, vagy légicsapás következtében megsemmisült rohamlöveg küzdőterének jobb oldali páncélzata szinte eltűnt, a tetőpáncélzatot a robbanás ledobta. Érdekes a test frontpáncéljának bal oldalán lévő harcászati jelzés.

StuG. III Ausf. G (Alkett, October – November 1943) destroyed in the sector of the 3rd Belorussian Front, June 1944. The complete right side of the fighting compartment has almost disappeared and the roof has been blown away by the detonation which could be the result of an artillery or air strike. Note the tactical sign on the left side of the front armour.

Talán egy amerikai dokumentáló csoport katonái pózolnak egy megsemmisített StuG. III Ausf. G (Alkett, 1944.09) rohamlövegen. A két becsapódás helye jól látható a felépítmény jobb oldali, függőleges páncélzatán. Feltehetően ezektől lett végleges veszteségű ez a harcjármű. Figyeljük meg a zimmeritet a motortér függőleges állású nyílásán, valamint a csőszájféket, ahol tökéletesen éles a felvétel.

Possibly members of a US Trophy Team posing on a destroyed StuG. III Ausf. G (Alkett, September 1944). Two impacts can be seen on the vertical armour plate of the superstructure's right side which could be the fatal hits. Note the zimmerit on the open hatch of the engine deck and the muzzle break where the picture is perfectly sharp.

A következő felvételeken a Sturmgeschütz-Brigade 667 (vagy jogutódja, a Heeres-Sturmartillerie-Brigade 667) rohamlövegei láthatók, valahol a nyugati fronton. A kép előterében látható StuG. III Ausf. G (MIAG, 1944.03-05) rohamlövegen fő fegyverzetet cserélhettek, mivel az öntött csőszájféket csak az Alkett gyártotta. Ilyen számos esetben előfordult akár tábori, akár nagyjavítások alkalmával.

The following pictures show the assault guns of Sturmgeschütz-Brigade 667 (or its successor, Heeres-Sturmartillerie-Brigade 667) somewhere on the Western Front. The main armament of the StuG. III Ausf. G (MIAG, March – May 1944) in the foreground was probably changed because the cast muzzle break was only produced by Alkett. They made such changes in many cases either in the field or during factory overhauling.

A bringák kerékvastagsága alapján nem a legjobb helyet választották az amerikai katonák a kerékpározásra. Gondolták, megnézik a Sturmgeschütz-Brigade 667 összegyűjtött StuG. III-ait, amelyek közül érdekesnek találhatták a kép jobb szélén állót, mivel a MIAG gyártmánya, azonban – feltehetően tábori körülmények között – lövegcserét hajtottak végre rajta.

According to the thickness of the bikes' wheel, these US soldiers may have chosen the wrong place to take a ride – they probably thought they would just take a look at these collected StuG. IIIs of Sturmgeschütz-Brigade 667. They might have found interesting the one on the right side, as this one is a MIAG produced assault gun with replaced gun.

Az a véleményem, hogy ez a rohamlöveg az Alkettnél készült 1943. októberben (ezért nincs rajta zimmerit), majd később nagyjavításon esett át, ahol – többek között – a futóművét is cserélték.

I think that this Sturmgeschütz was made by Alkett, October 1943 (that's why there is no Zimmerit on it), which got a factory overhaul a bit later, when the assault gun received brand new running gear.

Kiváló felvétel egy tábori javítóhelyről. A kép előterében álló StuG. III Ausf. G (MIAG, 1943.11-1944.02) rohamlövegből kiemelték a Maybach HL 120 TR motort, mellette a motortér tetőpáncélzata látható. Érdekes továbbá a 2. kötény első távtartója alatti találat nyoma, talán egy páncéltörő puskából.

Excellent view of a field repair shop! The Maybach HL 120 TR engine has been removed from the StuG. III Ausf. G (MIAG, November 1943 – February 1944) in the foreground. The engine deck lays on the ground, next to the vehicle. Note the impact under the bracket of the 2nd side skirt.

Két német katona vizsgál egy StuG. III Ausf. G-t (MIAG, 1943.10-1944.02). Ki tudja, a frontpáncélon lévő patkó szerencsét hozott-e a kezelőknek, minden esetre érdekes a géppuskapajzs MG-42-re tervezett nyílása, a futóműnél lévő plusz lánctalptartó és a felépítmény ferde frontpáncélján a lánctalptartó szerkezete.

Two German soldiers examine a StuG. III Ausf. G (MIAG, October 1943 – February 1944). Who knows if the horseshoe on the glacis brought any luck to the crew? Interesting to note is the opening in the shield in front of the loader's hatch which was designed for an MG 42 machine gun and the additional spare track holders on the hull side and the oblique armour of the superstructure.

Minden bizonnyal egy lövegcserés, a védettséget a végsőkig fokozó „kiegészítőkkel" felszerelt StuG. III Ausf. G (MIAG, 1943.11-1944.01). A felépítmény jobb oldali, ferde páncélzatánál nem sajnálták a betont; a szerelőnyílásokig folyatták. A vezető elé biztosan azért nem tettek, mert nem tudtak… Az oldalpáncél megerősítésére a lánctalp mellett még ferdén döntött kötény (fémlemez) is látható.

This StuG. III Ausf. G (MIAG, November 1943 – January 1944) has been extremely equipped with additional armour and most probably has been rearmed. They used far too much concrete on the oblique armour of the superstructure – it flowed down until the transmission hatch. They probably didn't put any of it in front of the driver only because they couldn't… Even the side armour has been strengthened with additional spare track links and side skirt.

A következő két felvételen kilőtt harcjárműveket láthatunk Berlinben, 1945. áprilisban. Mindhárom rohamlöveg StuG. III Ausf. G és az Alkett gyárából kerültek ki 1944 októbere után valamikor. Figyeljük meg a szemben lévő harcjármű olajfolyásait, valamint a tőle jobbra látható rohamlöveg frontpáncéljának találatait!

We can see knocked out fighting vehicles in Berlin, April 1945, in the next two pictures. All three StuG. III Ausf. Gs were produced by Alkett after October 1944. Note the oil stains on the vehicle directly in front and the hits on the front glacis of the other one.

Péter Kocsis Collection

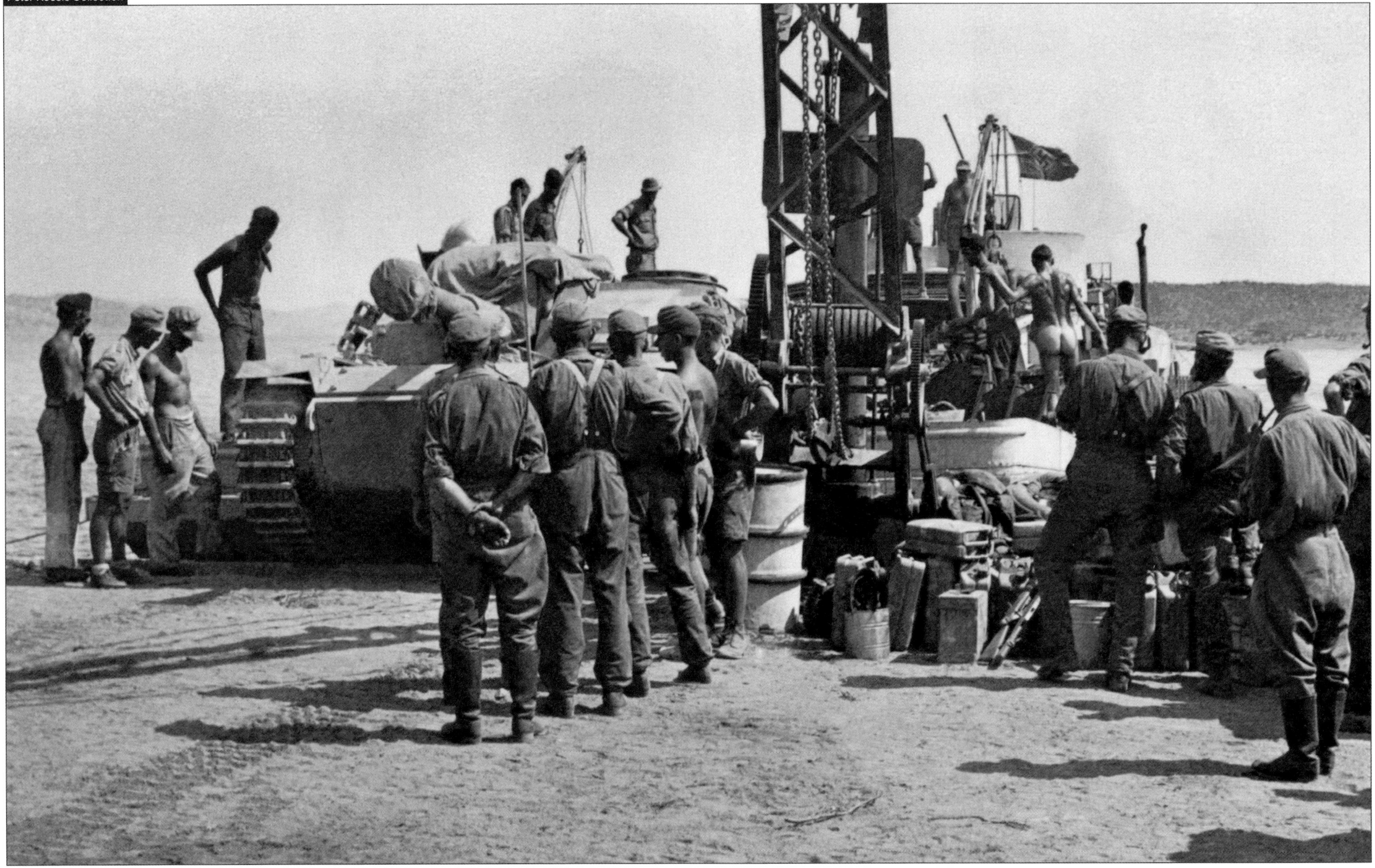

Feltehetően Korzikára hajózzák be a Sturmgeschütz-Abteilung 242 egyik StuH. 42 Ausf. G (Alkett, 1943.02-06) rohamtarackját. Ezeknek a csapatoknak – kihasználva az olasz front adta terepadottságokat – jó szolgálatot tettek a 10,5 cm-es tarackok.

A StuH. 42 Ausf. G (Alkett, February – June 1943) of Sturmgeschütz-Abteilung 242 during loading, probably on the way to Corsica. Taking advantage of the terrain's conditions these 10.5 cm howitzers served the troops very well on the Italian Front.

A következő két felvételen a Sturmgeschütz-Abteilung 177 rohamtarackjait láthatjuk. Ezen a képen egy StuH. 42 Ausf. G (Alkett, 1943.10-11) rohamtarack üzemanyaggal történő feltöltéséhez készülnek elő. Az előtte álló, MIAG-ban készült rohamlövegbe már folyik az üzemanyag.

The next two pictures shows the assault howitzers of Sturmgeschütz-Abteilung 177. Here the crew of a StuH. 42 Ausf. G (Alkett, October – November 1943) is preparing to refuel their vehicle. The StuG. III Ausf. G (MIAG) in front of the assault howitzer is already getting its fuel.

A "307" harcászati azonosító számú StuH. 42 Ausf. G (Alkett, 1943.10-11) rohamtarack előtt annak kezelőszemélyzete áll. Itt is megfigyelhető, hogy egyes kezelők a vonóhorgot előkészítették a páncéltesten kialakított vontatólyukakba, ezzel is lerövidítve az esetleges kimentések idejét.

The crew of StuH. 42 Ausf. G (Alkett, October – November 1943, tactical number „387") is standing in front of their vehicle. Here we can see that the crews often put the towing hooks into the towing eyes to be immediately ready for recovery if needed.

Megsemmisített StuH. 42 Ausf. G (Alkett, 1943.02-06) rohamtarack Grajvoron körzetében (a mai ukrán-orosz határnál) lévő faluban, 1943 augusztusában. A roncs segítségével számos dolog megfigyelhető: a küzdőtér szellőztetőjének furata a hátpáncélzaton, a páncéltest, a sárvédő, valamint a köténytartó.

Destroyed StuH. 42 Ausf. G (Alkett, February – June 1943) in a village in the area of Graivoron (close to the Russian – Ukrainian border), August 1943. Several things can be observed in this picture: the opening for the ventilator on the fighting compartment's rear wall, the hull, the mudguard and the rail of the side skirts.

Jürgen Wilhelm Collection

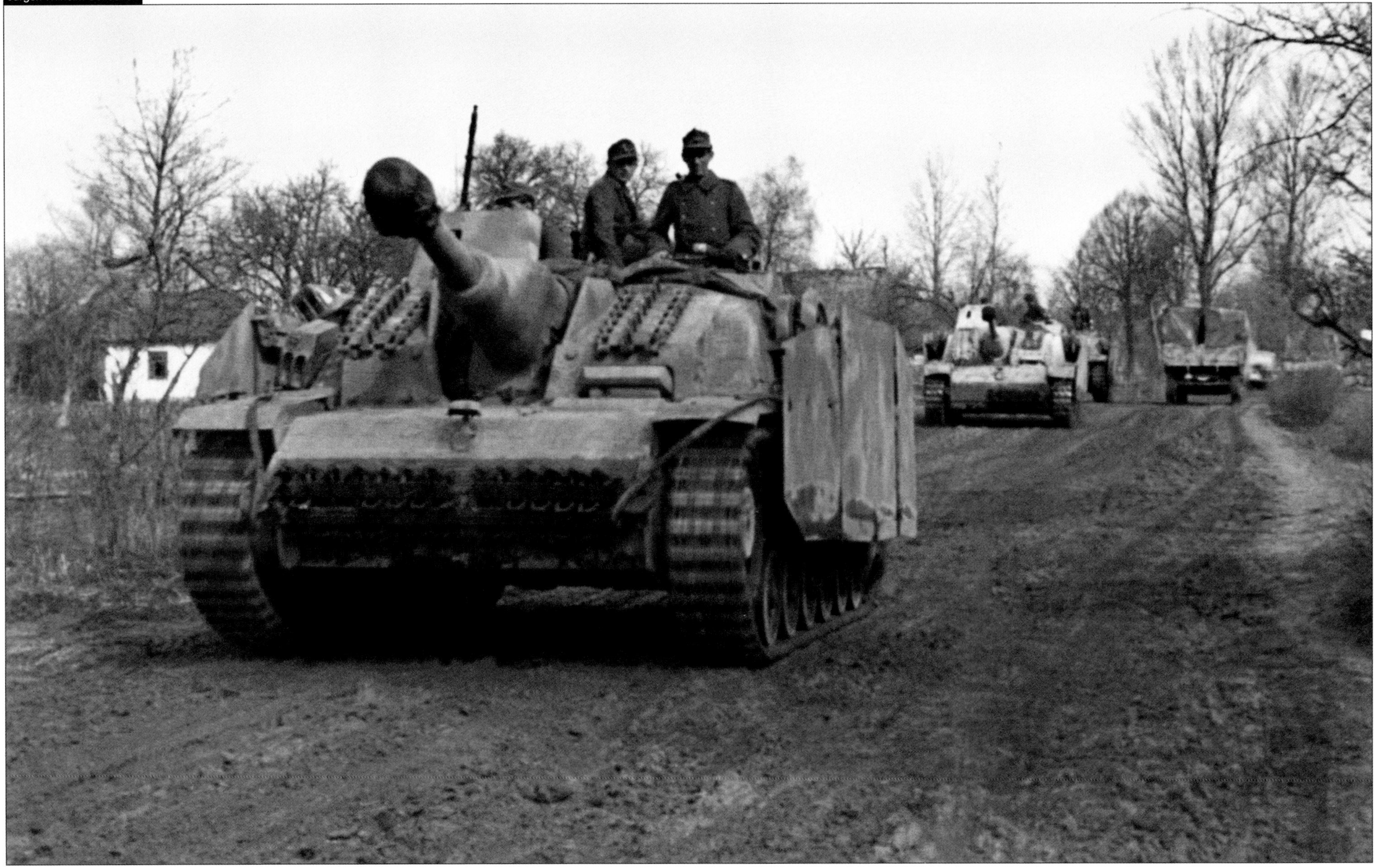

A képen a rohamlöveg oszlop élén halad egy StuH. 42 Ausf. G (Alkett, 1944.03-07) rohamtarack. Itt is jól megfigyelhető a vontatásra történő előkészület nyomai (vonóhorogba helyezett vontatókábel), a front-, valamint az oldalpáncélok megerősítése plusz futógörgővel, üzemanyagkannákkal, stb.

A StuH. 42 Ausf. G (Alkett, March – July 1944) leading a column from a Sturmartillerie unit. Signs of the preparations for towing can be perfectly observed (towing cable in the towing hook), as well as the reinforcement of the front and side armour with additional wheels and jerry cans, etc.

Érdekes felvétel a Heeres-Sturmartillerie-Brigade 667 StuH. 42 Ausf. G (Alkett, 1944.08-09) rohamtarackjáról, amelynek csőszájfékét egy 10,5 cm leichte Feldhaubitze 18M-ről kölcsönözték. Érdekes a lövegpajzs, ennél az alváltozatnál már beépítettek párhuzamosított géppuskát. Figyeljük meg a felépítmény frontpáncélzatán a találatot!

Interesting shot of a StuH. 42 Ausf. G (Alkett, August – September 1944) of Heeres-Sturmartillerie-Brigade 667. The original muzzle brake was replaced by another from a leFH 10.5cm 18M light howitzer. Note the hit on the front armour of the superstructure.

Péter Kocsis Collection

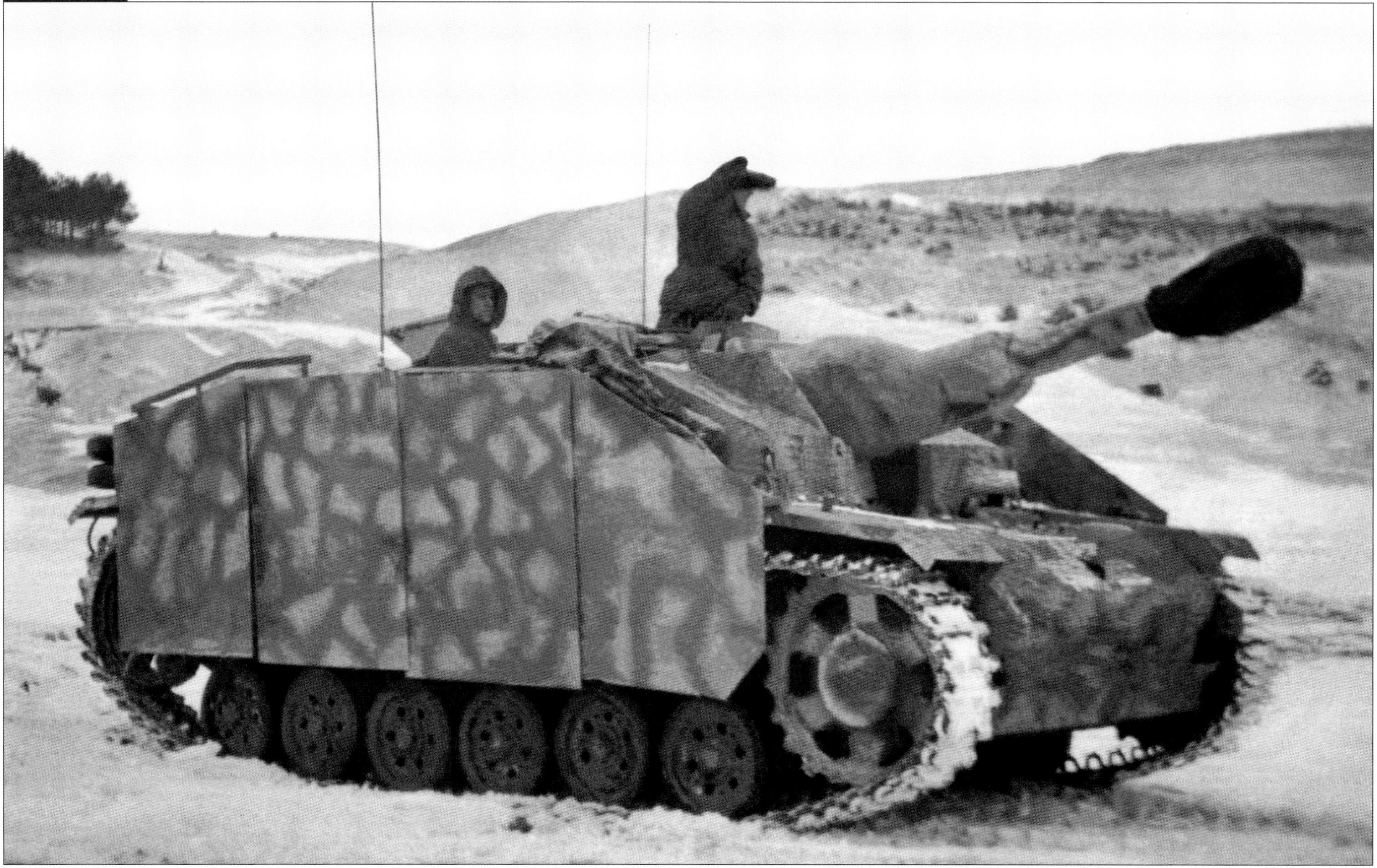

Feltehetően a Sturmgeschütz-Abteilung 177 StuH. 42 Ausf. G (Alkett, 1943.11-1944.02) rohamtarackja a keleti fronton, 1943/44 telén. Nagyon látványos a táborilag készített, talán barna színű „kukacminta" páncélsárga alapon. Kérdéses, hogy a kép milyen viszonyok között készülhetett, mivel a hátsó málhatartónál nem figyelhető meg semmilyen felszerelés, illetve az elkövetkező felvételeken – amelyekről tudjuk, hogy erről a csapatestről készültek – teljesen eltérő formavilág tekint vissza.

A StuH. 42 Ausf. G (Alkett, November 1943 – February 1944) probably from Sturmgeschütz-Abteilung 177 on the Eastern Front, winter 1943-1944. The „worm" camouflage scheme (most probably red brown on a dark yellow base) is very spectacular. It is questionable under what conditions this picture was taken because we can't see any kind of stowage on the rear of the vehicle, and the vehicle is of a completely different design to those of the same unit in the following pictures.

A következő négy felvételen a Sturmgeschütz-Brigade 177 rohamtarackjait láthatjuk, Vilnius környékén (ma: Litvánia), 1944. április-májusban. Mindegyik rohamtarack az Alkett terméke, amelyet 1943.11. - 1944.02. között gyárthattak. Kommentár nélkül csak figyeljük meg a tábori átalakítások netovábbját!

In the following four pictures we can see the assault howitzers of Sturmgeschütz-Brigade 177, in the area of Vilnius, April – May 1944. All vehicles were produced by Alkett, probably between November 1943 – February 1944. Just note the endless field modifications without any comment!

ECPAD

108

110

A SOROZAT EDDIG MEGJELENT KÖTETEI
AVAILABLE IN THIS SERIES

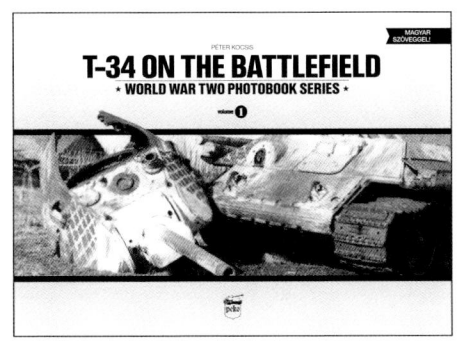

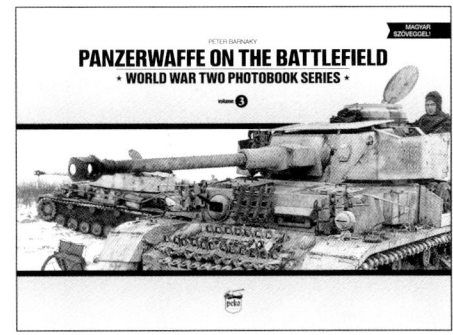

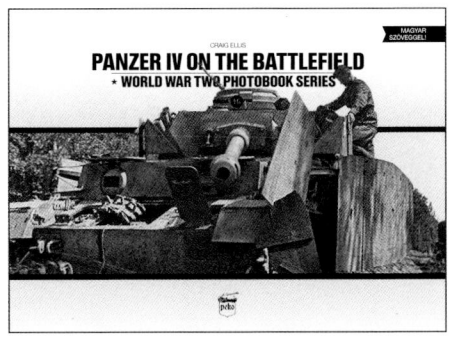

COMING SOON!

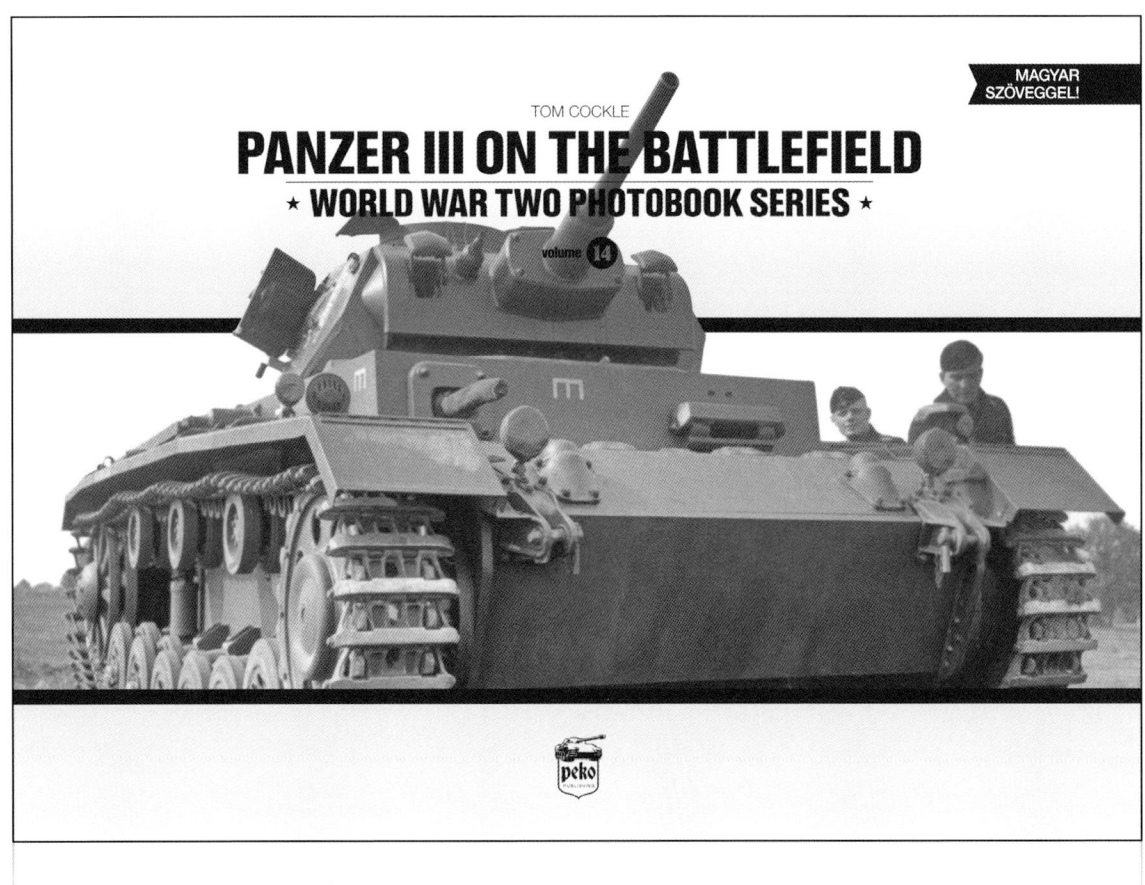